U0208333

瑶山经典 连南大叶

YAOSHAN JINGDIAN LIANNAN DAYE

政协连南瑶族自治县委员会 编

四川美术出版社

图书在版编目（CIP）数据

瑶山经典·连南大叶/政协连南瑶族自治县委员会
编. —— 成都：四川美术出版社，2023.11
　　ISBN 978-7-5740-0758-1

　　Ⅰ.①瑶… Ⅱ.①政… Ⅲ.①茶文化–连南瑶族自治
县 Ⅳ.①TS971.21

中国国家版本馆CIP数据核字（2023）第206477号

瑶山经典·连南大叶
YAOSHAN JINGDIAN · LIANNAN DAYE

政协连南瑶族自治县委员会　编

责任编辑　倪　瑶
责任校对　林雪红
责任印制　黎　伟
出版发行　四川美术出版社
地　　址　成都市锦江区工业园区三色路238号
设计制作　成都圣立文化传播有限公司
印　　刷　成都新凯江印刷有限公司
成品尺寸　170mm×240mm
印　　张　17.25
字　　数　280千
图　　幅　110幅
版　　次　2023年11月第1版
印　　次　2023年11月第1次印刷
书　　号　ISBN 978-7-5740-0758-1
定　　价　96.00元

编纂委员会

主　任：李春益
副主任：房婧婧　沈俊辉　唐海英
　　　　赖　斌　甘向荣　黄伟欣
成　员：唐国荣　陈海光

编　辑　部

主　　编：陈海光
编　　辑：唐丽清　唐秀莲
特邀编辑：罗穆良

　　黄莲村，旧称黄连村，1999年4月更为现名。其辖区范围内及周边村特产茶叶亦随之更名。特此注明。

序

　　中国是茶之故乡，中国人喝茶历史悠久。盘古开天，神农尝遍百草，茶圣陆羽撰写的《茶经》，明代李时珍所著的《本草纲目》等，都对茶叶在中国种植、饮用、药用等多个方面进行了广泛且系统的研究和推广。

　　茶叶在历代人们的生产生活中占有重要的地位，古有"宁可三日无盐，不可一日无茶"之说。在中国，不同地区因各自独特的地理环境和气候条件，生长出了各具特色的茶。据资料统计，作为世界茶叶大国，2022年中国茶叶产量已达335万吨，居世界第一。

　　茶产业是连南历史悠久的特色农业产业，也是连南的新型支柱产业。连南是少数民族地区，以瑶族为主的少数民族占当地总人口的57.57%。据资料显示，当地瑶族群众在隋、唐、宋朝时期从湖南等地迁徙到此，并结寨定居形成了"八排二十四冲"。瑶族人家与"茶"不离不弃，历来有种茶、制茶的习惯。每当迁居到一处新地，家家户户都会栽种茶树，嫁娶时也有以茶叶为"礼"的习俗。连南种茶的历史，据清代康熙年间举人李来章编著的《连阳八排风土记》记载，距今已有300多年。瑶族先民在当地"八排"和"二十四冲"居住，形成有山必有瑶、有瑶必有茶的"百里瑶茶"特色群体种植大叶茶。1928年《连山县志》载："大旭、大龙、金坑等茶叶向盛。"民国《连县志》对连南茶叶的记载："茶叶产量以大龙最多"，黄莲茶为地方特产。据广东省茶科所专家小组的调查考究，现存最高龄的大叶茶树有近千年树龄，生长在连南黄莲村的高山上。连南大叶茶主要分布在海拔600~1500米之间的山涧峪谷，种植于高山溪谷，因而色香味俱佳。1988年，广东省农作物品种审定委员会审定连南茶叶品种为"连南大叶"，以其制作的成品茶，品质优异、独具特色。2021年6月，"连南大叶"茶成功入选国家地理标志农产品名录，是连南继无核柠檬、油茶之后又一个国家地理标志农产品。

近年来，在连南瑶族自治县县委、县政府的高度重视下，2013年开始，连南充分利用民族地区扶持政策，大力推动茶产业的发展，先后出台了《连南瑶族自治县发展茶叶种植补贴方案》《连南瑶族自治县发展"连南大叶"茶种植奖补方案》等文件，投入2.24亿元资金建设稻鱼茶省级现代农业产业园，大力推动万亩茶园、坑口茶园示范基地等项目建设，每年举办"大叶杯"斗茶大赛，积极宣传推介连南大叶茶。截至目前，连南茶园面积2.97万亩，2022年茶产业产值8000万元；连南入选广东区域品牌生态茶园创建县。连南茶企在参与省级以上的各类评比活动中，共获得1个国家级金奖、1个国家级银奖、3个省级金奖、6个省级银奖、2个省级优质奖，并得到国家和广东茶学会一些专家的高度评价。

弘扬茶文化，助推茶产业，助力乡村振兴，提升连南经济和民族文化发展质量，是连南县各级各部门义不容辞的责任。在以民族文化促产业，以产业带民族文化，连南县茶文化欣欣向荣的发展背景下，县政协编印出版这本以连南大叶茶发展为主题的《瑶山经典·连南大叶》文史资料专辑，挖掘并整理了连南一千多年的茶叶种植历史资料，讲述连南茶文化故事，既助力连南茶产业高质量发展，亦是政协文史工作"存史""资政"的责任担当，意义重大。

鉴于相关行业组织在这方面也做过一些资料的收集整理，编印过宣传资料，为避免资源的重复浪费，本书立足"史料补充"的政协文史资料初心，从作者"亲见、亲历、亲闻"的视角，对连南大叶茶的品类、习俗、茶人、茶事等资料进行了力所能及的收集整理。因时间和编辑能力水平有限，难免存在不足之处，唯仰社会各界有识之士热情斧正。

是为序。

连南瑶族自治县政协党组书记、主席　李春益

2023年7月

目 录
CONTENTS

 历史概况

 茶俗文化

 茶人茶事

诗文荟萃

 媒体留痕

政策档案

茶企简介（部分）

 附　录

历史概况

LISHI GAIKUANG

连南大叶茶的历史发展概况

历史文化

建置沿革·民族源流

中华人民共和国成立前，该县主要有瑶、汉、壮三个民族居住。据史书记载和考古发现，约在1500年前，中原文化已传播到连南，汉族人口已有相当的数量。在隋唐时期，连南地区已有一定数量的瑶族居住，元代时已产生了独特的社会政治组织形式——瑶老制。明代形成了"八排二十四冲"（排即大山寨，冲即小山寨）。这里的瑶族，有排瑶和过山瑶之分。排瑶是因为瑶民习惯聚族居住，依山建房，其房屋排排相叠，形成的山寨被汉人叫"瑶排"，所以被称呼为"排瑶"；过山瑶则因为其祖先以耕山为主，"食尽一山过一山"，因迁徙无常而得名。

据民间传说和史书记载，排瑶主要来自湖南湘江、沅江流域的中下游和洞庭湖等地区。约在隋唐时期，他们祖先经辰州、道州等地，迁徙到连南山区结寨定居。过山瑶则在清朝时期分别从湖南和广西迁徙到连南，中华人民共和国成立后，已建寨就定居下来了。壮族则在明朝正统年间后陆续从连山等地迁来连南定居。

连南瑶族自治县，广东省清远市下辖县域，瑶族聚居县，被誉为"锦绣瑶山"，有"百里瑶山"之称。地处广东省西北部，东北与连州市交界，东南与阳山县相连，南接怀集县，西邻连山壮族瑶族自治县，西北与湖南省江华瑶族自治县接壤，面积1305.9平方千米，辖7个镇，拥有中国瑶族第一寨——千年瑶寨，以及三排瑶寨、油岭老排、万山朝王、姐妹亭等景点。今连南瑶族自治县境域，是1953年由连南县辖的三江汉区、阳山县辖的寨岗汉区和原连南县辖的三个瑶族区组成。究其历史，连南设县，始于民国三十五年（1946年）。1983年地、市合并后，由韶关市管辖。1988年1月新建清远市，连南县被划入清远市管辖。2019年1月，连南县荣获"2018年全国森林旅游示范县"称号。

一缕清香

茶香不渝·春润一品

连南大叶茶，历史源远流长。连南大叶茶原为野生茶，主要分布在海拔600~1500米之间的山涧峪谷。据历史记载，过着游牧般生活的瑶族祖先到达这里后，发现了这种野生大茶树，将大茶树上采摘的茶叶制成青茶饮用，同时将幼茶或种子移植到附近栽种。连南大叶茶也随着瑶民的足迹繁衍到了百里瑶山，逐渐形成一个茶树的群体品种。茶树群落主要分布在连南县大麦山镇、寨岗镇、三江镇等及其周边市县，并形成了以地方命名的高界茶、黄莲茶等连南大叶茶。

清朝末年，连南大叶茶生产已有相关规模，常有茶商设厂，采办贩运省城，近90%茶叶售往省城，被世人称为"连南大叶"。连南茶的历史渊源，最早可追溯到20世纪50年代初，茶学家、茶学教育和茶树栽培专家莫强和张博经等，曾专程前往连南县茶区调查，并成功帮助改制红茶，其优异品质受到国内外茶商的好评，引起了广东省茶叶工作的重视，正式命名其为"连南大叶种"，从此连南大叶茶便在民间传开来。60年代末至70年代初，连南县大办茶场，连南大叶茶得到前所未有的快速发展，当时的茶园面积达5400亩。但随后因诸多原因，部分茶园荒废失管，导致了连南大叶茶的发展停滞不前。80年代初，随着改革开放的到来，连南大叶茶再次受到省茶学研究者的重视。省农科院茶叶研究所分别对连南大叶茶的绿茶、红茶，进行了感官、多酚类和儿茶素等特性指标生化分析，其中茶多酚含量远远高于广东省一般的中小种品种，且为云南大叶茶所不能及。

连南大叶茶具有较强的抗寒能力，在当地极端低温的条件下，未发现有冻害现象；内含成分高，适制性强，既适制绿茶、红茶，也可制普洱茶，品质均优。连南大叶茶品质优异的主要原因：一是优越的自然环境，空气好、海拔高、太阳辐射强、光照充足；二是独特的山区气候，山间早晚雾大、露重、昼夜温差大；三是土壤为花岗岩、砂岩等长期风化发育而成的红壤及黄壤等，呈微酸性，团粒结构好，腐质物含量丰富，有机质层深；四是连南大叶茶品种优良，纯度较高。

近年来，连南县委、县政府秉着"生态优先，绿色发展"的目标，高度重视并将连南大叶茶列为县重点特色农产品扶持发展对象。连南大叶茶这一块瑰宝，又重新得到了人们的垂青。以"连南大叶"原料制作为代表的茶叶，在广东省第十届名优茶叶品质竞赛中，红茶、绿茶均以其优异的品质成功斩获金奖；2019年获"蒙顶山杯"黄茶大赛银奖；2019年获"粤茶杯"红茶、绿茶银奖；2021年成功申报国家地理保护标志。为连南大叶茶增添了荣誉和光彩，沉寂多年的连南大叶茶又重新回归人们的视野。

茶种生产

生产：连南县茶叶种植面积大，栽培历史较长，品质优良，是瑶乡主要输出产品之一。据民国《连山县志》载："大旭、大龙、金坑等茶叶向盛，称出产之大宗。"茶叶每年在本地销售约值银7000余两。又据民国《连县志》记载：连南"茶叶产量以大龙为多"，并把黄莲茶作为地方特产单条列载。民国二十九年（1940年），茶叶总产550担（27.5吨），全数输出。据1950年调查，全县产茶200~300担，以第三区菜坑、马头冲，第二区必坑、大龙、金坑、内田最多，而菜坑的黄莲茶一斤换米6斤。

中华人民共和国成立后，逐年恢复、扩大茶园面积。1952年种植面积1579亩，收获面积1000亩，总产15吨。1958年茶园面积达3500亩，收获面积2000亩，产茶24吨。1964年种植面积1438亩，产茶39吨。20世纪60年代后期，受"以粮为纲"影响，1968年茶园面积减至1013亩，总产16吨，减产23吨。70年代始实行奖售政策，提高茶叶收购价格。1979年种植面积3106亩，收获面积1818亩，总产84吨，创历史最好水平。1988年收获面积764亩，总产16吨。

茶种：据省农科院茶叶研究所1982年10月及1983年4月两次对连南县的茶树品种资源进行调查，发现连南大叶种茶有大叶型和长叶型两种，以大叶型居多，还有野生品种。大叶型茶种性优良，叶大面隆，质软节长，萌芽偏迟，芽梢粗壮，粗生快发，耐寒性、适应性强。制成绿茶、红茶和乌龙茶，色味俱佳。连南茶叶栽培历史较长。生长在金坑大龙山、内田，大坪天堂岭，寨南中坑、高界，大麦山菜坑、黄莲等地的茶叶品质为优。1959年，黄莲茶叶在广州中国出口商品展览会展出获得好评。1979年，全县茶叶种植面积3106亩，收获面积1818亩，总产量84吨（生茶），亩产46.2千克。1992年，种植面积4629亩，为历年之最；2002年，茶叶面积3544亩，总产量达到156吨（生茶），是连南茶叶总产最多一年，其中大麦山茶叶面积2870亩，总量133吨

（生茶）。2004年，种植面积3466亩，总量119吨（生茶），亩产4.6千克。

黄莲茶：色佳味香，1959年在广州中国出口商品展览馆展出，获中国茶叶出口公司奖励。英国商人购去在伦敦展出，认为可以与国际锡兰红茶媲美。此外，还有天堂茶、高界茶、中坑茶、大龙茶等均甚著名。

（摘自《连南瑶族自治县志》）

教种茶树

✳ **暮霭沉**

　　李来章下车伊始，发现上任的连山境内崇山峻岭，形成"九山半水半分田"的格局，地瘠民贫。瑶民更甚，不懂先进技术，衣食难以为继，饥寒交迫的时候铤而走险，靠抢夺他人财物为生的现象比比皆是，给社会治理带来很大困难。

　　李来章是一位儒家学者，深知"仓廪实而知礼节"的道理。他认为当务之急就是想方设法让瑶民辛勤耕种，解决最基本的温饱问题。李来章深知，百姓冻馁难耐，必定盗贼横行、劫掠成风，大大增加行政成本，严重的甚至会动摇国家根本！

　　于是他贴出告示，劝谕瑶民广种油茶、茗茶。他细心教瑶民种植油茶、桑树的方法：先将土地犁过一遍，或者用锄头、铁锹翻锄土地，便于土地松软，透风透气。然后挑选鸡蛋大小的茶树条，截断成三四尺长，削尖一头。每棵茶树相隔四五尺远，用铁锹或木锸锤入地面打一个孔洞，再拔出来，将削尖的茶条插入，用土压实，留一小截在外头。待两个月后，长出茶枝芽条。不管长有多少股，到第二年全都砍去，让它再长粗枝，只留一棵茁壮的。经过这样处理的茶林，要比别的林木更加茂盛，种植其他树木也多用此法。

　　他告诉瑶民，瑶寨多荒山，应该大面积开垦，种植油茶，几年之后便可成林，收获的茶油可以换钱，维持生计。地方保长督促大家种植得多，政府给予匾额奖励；瑶民种植得多，经验收无误后给予花红奖励。

此外，李来章还要求瑶民大量种植桑、柘、椒、椿等树木，教瑶民利用这些树木的叶子养蚕。劝勉瑶民利用近水源处种植水稻，增加粮食收成。

县劝谕邓隆邦劝阻道："大人有所不知，本地瑶人所居山地瘦瘠且多石砾，耕作不易，收成有限，故耕山的积极性不高。以前数任大人也尝试劝瑶耕作，但收效甚微，大人又何必劳神费力呢？"

李来章摇摇头答道："管理老百姓就像养育儿女，既要想方设法养活他们的性命，也要教导他们懂得勤劳的道理，掌握生产劳动的技能，养成日夜劳作的习惯。本官此举，不仅是增加他们的生活物资，不至于冻馁，更重要的是要让他们养成勤于劳动的好习惯。就连我们所熟知的尧舜禹这样伟大的王者，哪一位不是劳作终日，累得连脚胫上的毛都被磨脱得干干净净？"

李来章没有听劝，每到农事时节，必定下到各瑶排山寨督促瑶民耕种。发现勤劳耕种的瑶民，一概赏赐奖励花红、果饼；若得知有懒惰如故，一点不种植农作物的，必定责打二十大板，将写有"惰民"的牌匾挂到他们家门头，以警示众人。瑶寨中的头保、瑶目、千长等干部，只要能劝到村中10人以上从事种植，一概奖励花红、牌匾、衣帽等；成绩差的干部，责打二十板，并行革职，不予录用。

经过他的大力劝谕、惩处，瑶民逐渐懂得辛勤劳作，每年都能庆祝丰收，免于饥饿。后来，山油茶还成了瑶寨壮乡的经济作物品牌呢。

每当春夏时节，洁白的蚕茧如瑞雪般铺盖蚕房，厚实的土家布一匹一匹源源不断，从织机飘落到瑶家儿女的身上。每当秋末，漫山遍野的瑶民挑箩背篓，采摘油茶。不久，浓郁的油茶香味从各家的火炉塘飘出来，引发山村儿童的一阵阵笑声。

此时此刻，正在自家菜园子劳作的李来章站起身来，捋了捋稀疏的胡子，心里仿佛开了花，一群蜜蜂在采着花，酿出稠稠的蜜。

八排瑶的高山茶

✻ 房　顺

不知从哪个年代起，连南八排瑶就有婴幼出行时，用锦囊装几片茶叶放置胸襟，以保佑出行平安的习俗。因此，土生土长的八排瑶民，与生俱来就与连南八排瑶山的高山茶有着无比熟悉、无比眷恋的奇缘。

肤浅解析，连南八排瑶婴幼儿出行携带茶叶的习俗原因有二：其一，茶为八排瑶敬祖上品，每逢节日及每月初一、十五，瑶民皆早起烧茶敬祖。因此敬祖之茶便成为信仰万物有灵之八排瑶的神物，从而升华成为驱邪除秽的圣物。正因如此，瑶民深信出门身带此物邪气难侵。其二，南方多瘴气，瑶民在深山野外生活，难免接触瘴气。瑶民在寻求生存中发现了茶叶可驱瘴气的功效，于是乎才有了瑶民出行时胸襟藏几片茶叶驱邪的传统。

或许是受八排瑶以茶敬祖及视茶为圣物的文化影响，连南瑶族自治县大坪镇西五排的八排瑶的山岭上及门前屋后到处都生长着高山茶，特别是烟介岭腹地海拔高达千米的平冲河谷，瑶民唐一经营的原生态高山茶园规模竟达500亩。每逢清明时节，瑶家人便家家出动采摘春茶，以备时节敬祖之用。尽管俗话说"汉人进门一杯茶，瑶人进门一杯酒"，但是瑶民以茶待客与以酒待客同等重要。由于茶是瑶民家家必备品，因此品茶和制茶也成为八排瑶人人精通的技艺。瑶民品茶，除了品的是那座山那条水出产的茶香各有千秋外，还暗暗比拼制茶的技艺。

云端上的烟介岭（房顺　摄）

连南县大坪镇的天堂山位于该镇的西南部，海拔680米以上，属高寒山区。这里土质优良，雨水充沛，昼夜温差大，没有工业污染，是生长好茶的理想地方。因此，天堂山茶，也是连南县四大名茶之一。每年到了采茶季节，当地方圆十里瑶民，都到此地采茶。记得那年是20世纪80年代中期的一个春天，我们大坪镇军寮村的村民都到附近的天堂山采茶。那时，家家户户都在晒谷坪晒满了春茶，还是幼童的我们围绕着晒茶的老人转悠。老人一边晒茶一边语重心长地对我们说："茶叶啊，是个好东西，它不仅好吃，还能换饭吃。""我们家十口人，地少人多，米饭不够吃。但是只要有高山茶在，我们家就不愁没得吃。""一斤茶叶换一斤米，我们家十口人，一人采一斤茶叶，就可以买回十斤米，一天的口粮已足够，要是多采了还有结余。"那时的自己还是幼儿，不懂老人心底的辛酸和内心的刚强，只留给老人一张懵懂又充满希望的笑脸。如今想起，才明白连南的高山茶曾经是我们八排瑶青黄不接时节的救命宝贝。

连南县大坪镇平冲高山茶产地（房顺　摄）

　　翻开八排瑶古歌资料的历史记载，早在清康熙三十九年（1700年），痴迷于八排瑶歌谣的房君法深八郎，抄录下了一首流传于连南八排瑶民间的采茶歌。采茶歌如一幅有声有色的传世古画，使我们仿佛穿越时光，看见了当时八排瑶采茶人的辛酸和快乐。

　　原瑶歌——扶它界（采茶叶）

　　　三俄清明谷雨焦，

　　　八俄白露秋分它。

勇勇民家家老，
那那民眉扶它界。

年冬笛气彭，
四季笛良十。

买井传步传带步弟保步来，
步保吾班慌，
它界吾班计晚，
奈奈烤扶矣。

亚片它界千滴汗，
亚片它界亚片心。
亚片它界千万步，
它界片片计万家。

归生它界，
年年扶年年不，
保丰收突却哈哈拜。

　　注：原生态的瑶语歌谣比较含蓄，习惯留一半词语给瑶歌参与者（听众）参悟、补充，其歌谣韵味才能得到充分体现。因此将瑶歌翻译成汉字，需要加入点缀和渲染才能将其韵味体现出来，故翻译出来的瑶歌往往会比原文显得更加冗长。歌词是连南排瑶文化工作者房先清收集和整理的八排瑶古歌资料瑶语汉译文。

笔者对该歌谣大意编译如下：

采茶歌

三月清明至谷雨时节，
八月白露到秋分之际，
都是出产好茶的时节。

八排瑶的村村寨寨，
家家户户，每个人都出动了，
他们纷纷到深山采摘高山茶。

一年有四季，四季亦有时节。
采茶的人啊，
要赶上最佳的采茶季节，
才能采摘到好茶。
采茶的人啊不容易，
除了要眼快脚快手快，
还要左手来右手去两只手不能空闲。
采摘到的茶叶不能隔夜，
必须要在当天夜里炒制完毕。

每一片茶叶的采摘，
都沾着采茶人的千滴汗水。
每一片茶叶的芳香，
都洋溢着制茶人的一片赤心。
八排瑶的高山茶，

经过瑶人千万双采茶人和制茶人的手，

才能变成远近闻名的好茶，

远销百县千州受到了千家万户的赞赏。

野生的高山茶啊，

它年年采摘年年生循环不尽。

八排瑶人民啊，

年年到了高山茶采摘的季节，

喜悦的欢笑声和歌颂高山茶的歌声便响彻山野，

到处都洋溢着丰收的喜悦。

这首抄录于清朝的八排瑶采茶歌，不仅说明了连南高山茶历史悠久，也说明了八排瑶的高山茶早已享誉八方。

八排瑶的高山茶，甘苦而无涩，清香且悠长。就如八排瑶这个刚强坚韧的民族个性一样，洞穿古今依旧品质如初！

（摘自2020年《记忆·清远茶》）

垦殖杉木塘茶场纪略

❋ 讲述/罗飞轮　罗随图　整理/罗穆良

　　20世纪70年代，整个社会对农林业是非常重视的。各地普遍要求"农业学大寨"，战天斗地，大力改造自然环境，开荒种植增加粮食收成。三江公社也全力组织人力物力，开垦了附近山脚下的岭墩，种植水稻、花生。

　　20世纪70年代中期，时任三江公社党委副书记的潘元昌同志，了解到杉木塘荒草漫天、荆棘遍地，大片荒山没有绿化。他觉得非常可惜，要是能够充分利用起来，不失为一条增加政府和群众收入的好途径。于是，经党委研究决定，与寨南公社白水坑大队协商，由三江公社出钱、派人，白水坑大队提供山地，共同营造林场。林场面积5000多亩，其中茶树、油茶、黄檗面积各100多亩。

　　三江公社为了办好杉木塘林场企业，从所属的5个大队抽调人力，每个生产队抽调2~3名20岁左右年轻力壮的男女青年，共约200名，分成10多个班，各班选出一名班长负责带班。其中有3个班为"茶叶班"，专门负责茶树的种植管理、茶叶的采摘制作。石纪林、甘辉先后担任林场场长，场里配有会计、出纳以及赤脚医生。按当时广东省的奖励政策，县供销社对收购单位进行补贴奖励。凡收购等级内茶叶达100元的奖励化肥30千克，收购等级外茶叶达100元的奖励化肥12.5千克。林场以种植杉木为主，茶树、油茶为辅，生长周期长短搭配，收益快慢兼顾，是比较合理的安排。

社员到达场地，首先要解决的问题是住宿。没有砖瓦，就暂时在山上砍竹木，割茅草，搭建简易的茅草房。一年半载稳定下来后，社员们又抽出部分时间自己烧砖制瓦，建筑平房。驻地和工作分两处：一处在杉木塘的一个大坪地上，这队人马称"一区"；另一处在往南数千米处的清塘，称"二区"。当时一区建有门口相向的两排房子，共有24个房间，每个房间3张床，住6人。两排房子当中是一个篮球场，供社员们休闲锻炼。二区住房比较简陋，没有砖窑烧红砖，只能够打大水砖建房。

社员们的伙食采取公家开饭的方式。社员凭饭票吃饭，吃多吃少月底结算。

开垦荒山的劳动是非常辛苦的，很有瑶民"刀耕火种"的味道。先把山上的荆棘、灌木、杂树砍倒，把茅草割断晒干，然后焚烧。再用加了钢质的特制大锄翻土，要把草根、树根锄断挖出，防止野草杂树生长。每位社员每天都有劳动任务，开荒要求每人每天完成一亩耕地的任务。劳动当中常常会遇到危险，有人在砍杂树时被砍伤了手臂，大出血后被抬进了医院；有人翻土时锄伤了脚；有人割草时被毒蛇咬伤……

杉木塘茶场从1976年春开始种植经营，次年采摘制作。为了把好种植管理茶树的质量关，专门聘请一位县农林学校的毕业生为技术员，指导茶场的茶树种植管理。一到采茶时节，时间紧，工作量大，姑娘们都累得够呛。特别是杀青炒茶，几口大铁锅烧得通红，双手把锅里的茶叶来回搅动、揉搓，人家是"汗滴禾下土"，她们却是"汗滴锅里茶"。赶任务时，炒茶到凌晨3—4点钟是常态。

据了解，1977—1979年连南县茶叶连年增产增收，到1980年农村实行联产承包责任制后，茶叶种植面积逐年减少，产量逐年下降。经过几年的经营，杉木塘林场初具规模，所需人数渐次减少，加上适龄青年结婚的结婚，组成家庭后陆续回到生产队。

　　1986年夏，杉木塘要兴建调节水库工程，与杉木塘林场产生了权属和利益上的矛盾。最后经县人民政府协调，将鹿鸣关水电站占有的50%股权划给三江公社，作为交换，所属杉木塘权益属调节水库所有，从而妥善解决了争议问题。三江热血青年曾经奋斗过的杉木塘茶场，为了保证更大化的经济利益，就这样从此消散了。

瑶山的记忆

——为办茶场三上天堂山，四进孔门山

✳ 陈其本

20世纪70年代中期，全国农村在扭转"以粮为纲"单一经济的倾向后，认真落实中央关于确保粮食生产的同时，大力发展多种经营，提高农民收入。县里专门成立了多种经营办公室，我也从财办被抽调到多种经营办，专职抓好因地制宜大力发展多种经营。

全县在大抓开荒造林、养猪种果的同时，以山心大队、大掌天堂山、上洞孔门山为点，兴办集体茶场。我和农业局技术员罗昆瑶及商业供销社罗天祥、罗启滔等同志加强了对办点的具体指导，除组织各公社有关人员到潮州、湖南桃江等地参观学习办茶场的经验外，经常驻点参与办茶场的实践。

大古坳天堂山是海拔800米左右的高山，山上有个天然湖，沿湖有十几座小山墩，泉水清甜，土地肥沃，云雾缭绕，十分适宜种植高山云雾茶。当年大掌公社书记曾昭庚同志会同供销社已在那里办了茶园。我们第一次上天堂山是了解种茶办场的情况，第二次上天堂山是采写以18位"莎腰妹"为主的"铁姑娘战斗队"艰苦奋斗办茶场的材料，第三次上天堂山是成立大坪公社后，与公社书记梁自仲等上茶场，研究体制变动下如何继续办好茶场等问题。据说现今天堂山茶已有专人承包开发，特别是汪洋书记在大古坳办联系点后，天堂山茶在省城超市都有出售了。

上洞大队的孔门山，从白芒公社步行经上洞进去爬上孔门山，抵达茶场要走4小时。原公社书记班广勤、蒋绍勤和白芒供销社，在那里兴办了高山茶场。那里景色秀丽、奇峰险峻，是一天然宝地。从孔门坑上山的正面山嘴，有几棵树好像展开双臂迎接客人上山的"迎客树"。上到山顶有一座天然的"拱门"，到山顶必经拱门而入。在拱门的左右山头，到处残留着"铁屎石"，传说是明朝皇帝派驻军在此处开采冶炼银铜遗留下来的。特别是有座山的半山腰，自然生长着一棵千年老茶树，树高近4米，一树双枝开叉，枝头有大碗口粗，枝繁叶茂，我们还在分枝杈上拍了照片呢！孔门山茶场当年已种近百亩，县商供部门也大力支持办好该茶场。县商业局的副局长欧有苏同志也同我们先后两次爬上孔门山，并在该茶场召开过一次全县大办茶场现场会，会后推动了全县种茶的高潮，全县种茶面积发展到3500多亩。后来，由于经营体制的变动，加上技术落后，制茶加工跟不上，真正巩固发展的茶园不多，没有取得应有的经济效益。

茶俗文化

CHASU WENHUA

连南陈茶

✳ 罗穆良　陈海光

茶界有"一年茶，三年药，七年宝"之说。认为茶叶存放了三年以上，可以作为药物使用；存放七年以上，用处更广泛，简直是个宝。"雨前虽好但嫌新，火气未除莫接唇。藏得深红三倍价，家家卖弄隔年陈。"明末清初文学家周亮工这首茶诗，真实反映了陈茶的价值。因为陈茶用处大，连南瑶村汉寨也大都有贮存陈茶的习惯。

连南瑶族自治县属粤北高寒山区，土质优良，雨水充沛，昼夜温差大，没有工业污染，是好茶生长的理想地方。古时候，由于交通不便，医疗卫生条件差，生于斯长于斯的老百姓，在长期的生活实践中，发现了陈茶的种种功效，形成了一些特有的文化习俗。

要贮存出好的陈茶，必须选择好的原材料。唐代茶学家陆羽向世人传授了辨别好茶的标准：从生长土质来看，"上者生烂石，中者生砾壤，下者生黄土"；从培植情况来看，"野者上，园者次"；从颜色来看，"阳崖阴林，紫者上，绿者次""阴山坡谷者，不堪采掇"；从茶叶形状区分，"笋者上，牙者次；叶卷上，叶舒次"。连南素有"高界茶""黄莲茶""天堂茶""大龙茶"四大名茶，然而，一些深谙茶中三昧的"老茶骨"，却能够准确捕捉到它们的细微差别，做到好中挑好。比如"高界茶"，少部分优秀的品茶师就能知道某山某片范围的茶特别香醇。要是舍不得下本钱或不善鉴别，选用了劣质茶叶来贮存，即使贮存时间一样长，其色、香、味、效依然比不上其他陈茶。

茶叶容易受到光、热、湿、味等因素的影响，贮存非常不易，一不小心就容易霉化，失去使用价值。存储茶叶要特别注意降低贮存环境温度，保持茶叶适当含水量，阻隔茶叶与氧气的接触，防止光线直射，这些措施均可减缓茶叶的变质。旧时，连南村民存放茶叶大多使用瓦罐，或者因陋就简使用竹筒。瑶民则把制作好的茶叶用袋子或瓦罐装好，在火塘上方吊着或在适当位置存放，保持烟熏干燥环境，不易吸潮。现代人存储茶叶，要是量少就用矿泉水瓶、饮料罐等；量多的话，先用保鲜袋包装好，然后放进大的玻璃瓶或者大酒埕（能防氧化、阻光、防异味）内，近口处放置一些生石灰、木炭以防潮，也有人用棉絮填充，口部密封，置于通风干爽的地方存放。不要放在阳光下直射，或者有异味、潮湿、有热源的地方。存放期间一般不再开封翻动，以免受潮。

茶叶通常要存放三五年以后才开始使用，也有人存放10年、15年、20年以后才使用，普遍认为存放时间越久茶效越好。贮存一段时间后，茶叶经过细微而缓慢的发酵，原来的新茶味消失，陈味渐露，茶性也越陈越温、越来越润。

好的陈茶品饮时会有一股糯醇香，滋味醇厚柔顺、滑爽绵软、润滑生津、喉韵明显、回甘持久，全无新茶的涩口感。其色泽深重、明亮、清澈，持久耐泡。老茶耐泡度极高，泡十多泡仍有余味，且越泡越甘甜。

陈茶微苦、甜、微寒，入心、肺、脾经脉，效用甚广。经实践证明，陈茶具有祛风邪、清热解毒、降火、止泻止痢、祛风解暑、消炎止咳、养胃消滞、醒酒除脂等功效。陈茶可用于治疗风引起的头痛和鼻塞。治风热犯眩晕疼痛，可用浓茶与川芎、白芷配伍。中暑引起的头痛、烦躁、口渴可以饮用浓茶缓解。小孩子外感风寒，民间习惯用老茶叶煮鸡蛋，煮好后鸡蛋

内塞个银戒指，蘸热茶水反复推揉小孩的头颈、掌心，即可消除风邪，缓解疾病。婴儿发热，瑶民会用老茶叶熬热水给他洗澡，退烧很快。口腔疾病如牙龈肿痛、溃疡、异味等，或者饮酒过量，泡陈茶饮用，效果奇佳。

在连南，陈茶的价格是很高的。贮存10年以上的陈茶，售价每斤高达千元；20年以上的陈茶，售价可达每斤数千元，而且常常是有价无市。

一杯陈茶，经过岁月的洗礼，复加生活的积淀，仿佛一位通透的智者。不刚烈，不凝滞，不轻浮，不花哨；厚重而实在，顺达、温润又通灵。一接唇，有如知己晤对，自在舒坦；再细品，似有高僧指迷，让你悟透人生，从容生活。

（摘自2020年《记忆·清远茶》）

过山瑶茶歌

✳ 罗穆良

  连南的过山瑶生活居住范围不算广，主要居住在大麦山镇的塘氹、黄莲，寨岗镇的白水坑、牛塘、山联等地，俗称"五村瑶人"，人口近5000人。

  史载，连州得名是因为境内有座黄连岭（山），山中盛产黄连。据现在黄莲村村民介绍，如今在牛角冲、高山坳（有人称黄连坳）仍生长有不少黄连。也许因为自然环境和土质的关系，黄连山不仅盛产黄连，此地种植生产的高山茶也是久负盛名的。光绪年间出版的《连山绥瑶厅志》载："茗则大龙茶、小龙茶、黄连茶（现称"黄莲茶"）、上帅茶"，是清末连山四大名茶之一，备受客商喜爱。作为游耕民族的过山瑶久居此地，对茶有深入的认识，形成独特的茶文化。

  2021年9月中旬，我们在大麦山镇黄莲村搜集到三首口头茶歌、两首抄录下来的茶歌。我们可以管

中窥豹，了解过山瑶的茶文化。

一、口头茶歌三首（盘了妹唱）

（一）

喝茶问仙（你）茶出世，
问仙哪日茶开枝。
哪日开枝告诉我，
取你金言传世知。

大意：喝了你家的茶，请教你家的茶出自哪儿呀？请问你家的茶树哪一天发芽开枝？哪一天茶树开枝了请告诉我，我要借助你的吉言传遍天下。

这首歌是客人的致谢或搭讪。

（二）

茶是五郎亲手种，
正春二月发茶芽。
寒茶种在潍州县，
大哥行过摘回家。

大意：我家的茶是五郎亲手栽种的，我这不起眼的茶种在潍州县里，每到春季一、二月就长出嫩嫩的茶芽。大哥啊，假如你从这里经过，请你将它采摘回家吧。

这一首可以看作情歌。女孩子自谦条件不好，但也希望情哥哥能够珍惜自己，将自己娶回家去。

（三）

老茶树，

老茶不如嫩茶秧。

茶秧自小有人修，

老茶一世守荒山。

大意：老茶树啊老茶树，虽说你长这么大了，可又有什么用呢，你还不如一棵嫩茶秧呢！嫩茶秧还经常有人打理，可是有谁理你呢？你只得独自守候在这荒山野岭终老一生。

此歌最有特色，以茶喻人，借茶说理，道出了一个人年老力衰就不受待见的无奈和悲凉。既自嘲年老无用，也暗讽子女不孝。

二、抄录的两首茶歌

（一）

茶在青山茶树林，

未耕寸手摘归家。

时有青山流浅水，

水燕清茶味不甜。

大意：茶叶还长在青山上的茶林里呢，还未曾经我亲手采摘回来。即使青山上流出了潺潺溪流，可这溪水还是凉凉的，用它泡出的茶应该是没有甜味儿的。

这首茶歌也是情歌，以茶喻事，说明两情必须同步共振，否则就是落花有意流水无情，有缘没分。

（二）

小贱不知贺礼仪，

清茶盏奉贵人回。

贱滩流来高山水，

水燕清茶味不香。

大意：卑贱低下的我不懂得礼节，奉一杯茶给您这贵人喝。我这平浅的河滩迎来高山的圣水，用冷清水泡不出茶的香味。

这首茶歌讲的是给尊贵的客人敬茶，生怕自己的茶不够品味怠慢了客人，请客人多多原谅。

过山瑶民歌，多采用七言绝句形式，讲究押韵，采用对偶、比喻、拟人比兴等手法，更看重"歌理"，认为意象丰富、有内涵的歌才是最可贵的，平淡如水的"口水歌"是没有营养价值的，会遭人唾弃。

为了让大家对过山瑶茶歌及其艺术形式、艺术价值有更全面更深入地了解，现将《盘王大歌》中的《采茶歌》录出，以飨读者。共13首茶歌，第一首属于总起，余下12首分属12个月。

1

采茶在为摘郎远，大哥行往得归家。

茶是五郎亲手种，正春二月采茶芽。

2

正月摘茶茶重嫩①，百般茶树正含芽。

---

① 重嫩：还嫩。

百般茶嫩不通摘^①，邀娘拍手早归家。

3

二月摘茶茶叶新，茶园里内织茶桯^②。
中心织出金花朵，两头织出摘茶人。

4

三月摘茶正着时，手把茶篮挂树枝。
左手攀来右手摘，作笑不知篮满时。

5

四月摘茶洪水深，风来惊动摘茶人。
雨水淋淋不通摘，不得新茶为定亲^③。

6

五月摘茶茶荫荫，拨开茶叶摘茶心。
等娘共摘净茶叶，手攀茶朵笑吟吟。

7

六月摘茶晒黄天，摘茶人到妹门前。
园里摘茶县里卖，有谁减价我茶真。

---

① 不通摘：不能摘。
② 茶桯：装茶叶的竹篓。
③ 定亲：订婚。

8

七月摘茶茶叶青，茶园里内暗相连。
摘茶都是单身子，齐在茶园撩起音①。

9

八月摘茶下广州，茶芽茶蕊是郎收。
是谁收得贵物子，将来今夜过中秋。

10

九月摘茶不着时，手把茶篮挂树枝。
有茶又话郎来早，无茶又话弟来迟。

11

十月摘茶茶又枯，茶园里内暗相图。
斟盏清茶把郎饮，共在茶里讨双图。

12

十一月摘茶又是冬，十个茶篮九个空。
等到来年正二月，茶头树下又相逢。

13

十二月摘茶又是年，一双爆竹捧门前。
燕子衔泥过岭报，摘茶归去贺新年。

---

① 撩起音：唱歌引起对方的答唱。

大意： 正月茶叶还不能摘，姑娘拍拍手就回家去了。二月到了茶园，茶叶还不能摘，于是坐下来编织茶篓，茶篓上还织上艳丽的花朵，花朵旁边织上一个我织上一个你。三月，茶叶终于可以开摘了，采茶姑娘心花怒放，忙个不停。四月，一阵阵恼人的雨使河水猛涨，采茶的人呐采不到茶作为订婚的礼物。五月，茶叶长势多好哇，我和心爱的姑娘一起采茶叶，欢声笑语总不断。六月，情哥哥走到妹妹的门前，一起到茶园采了茶去卖，我的茶都是精品啊，从不会有人怀疑它的价值，也从没有人会来压价砍价。七月，茶叶青青，满园都是单身的人儿，唱起动人的歌儿在茶树下约会。八月，采摘的好茶就要卖到广州去了，我知道那些哥哥最擅长采摘好茶叶，不知道哪位哥哥会采摘到我这颗纯真的心，度过美好的中秋之夜呢。九月，可不是采茶的好季节，还有一点点茶的时候，就嗔怪那位早来的哥哥，导致我没有采到多少茶，要是我早来采够了茶叶，就美滋滋地笑话那迟来的小弟弟。十月，已经无茶可采了，可我俩还是忍不住偷偷来到茶园里，我将刚刚泡出的好茶请情哥哥喝，我们在茶树下细诉衷情。十一月，哪儿还有茶叶可摘呀，不用说，十个茶篓都是空荡荡的咯，真想采茶，还是等来年吧。十二月，已到过年，人家一对花炮就准备燃放了，还采什么茶，就折些茶枝回家恭贺新年吧。

寨南"隔夜茶"

✳ 陈海光　罗穆良

民间流传着一句俗话："隔夜茶，毒过蛇。"意思是喝"隔夜茶"危害极大，比被毒蛇咬了还要严重！然而，连南县寨南片有部分村庄却流传着喝"隔夜茶"的习俗，这又是为什么呢？

原来，连南寨南地区，虽说处于连南的南面，却依然是粤北山区，域内高山林立，海拔800~1500米以内的高山就有数十座。加上山涧溪流众多，土地水分足，气候潮湿，昼夜温差大，土地偏酸性，且无工业污染，为茶提供了得天独厚的生长环境。尤其是中坑村、石径村、山联村，其次是新寨村、白水坑村，因为以上地区山高林密、溪坑深长，自明朝永乐十三年（1415年）始，就有乡人到高山深坑采摘山茶用手工制作茶叶，沿袭至今已有600余年的历史，相传石径高界茶就是明清时期的朝贡珍品。

寨南种茶除了历史久，还有面积大、质量好的特点。寨南从中华人民共和国成立初期开始大面积种茶。20世纪60年代中期，寨南公社从新寨大队（村）鱼肩嘴至中坑锅厂坪创办寨南公社林场，共有林面积1264亩，其中在松柏洞墩子田种茶62亩，在鱼扇嘴种茶35亩。70年代初，石径大队（村）从松柏洞梅坑至中坑亚姆山创办石径梅坑林场，共有林面积1276亩。80年代中期，寨南境内的集体茶场虽已无专人管理而停办，然而，石径村豆腐磨、水打坝、桂坑、细坳、高界、老厂等高寒山寨，几乎每户都零星种植一亩几分地的茶树。2010年，寨岗社墩村巫公坪人巫志斌在老厂境内的崩坑种茶300余亩。当今寨岗的茶叶大多为深山采摘，手工制作。因为寨南茶品质好、上档次、价格也高，普遍售价200~250元/斤，中坑茶在250元/斤以上，储存的陈年老茶则为500~1000元/斤不等，储存愈久，茶价愈贵。崩坑巫氏茶场的茶叶，2016年已开始采摘，以其自然生长无污染、制作精细而独占鳌头，普遍卖350元/斤，有的甚至3000元/斤以上，远销珠三角等地。

一杯好茶来之不易。乡人手工制茶需要经过一道道烦琐的工序，凭着制茶者大量实践积累起来的丰富经验，以及过硬的身体素质，才能制出优质的茶叶。

寨南有些村寨的村民，有喜欢饮隔夜茶的传统，在晚上将茶叶放入暖壶（保温瓶）焗泡，等到第二天饮用。使用保温瓶长时间充分泡出来的茶，确实比用小泡壶现泡现喝的茶更加醇厚芳香。究其原因，主要是泡时长，茶叶养分的溶解更充分，保温瓶密闭，茶香不易散逸，口感极好，常听说喝热茶要比喝凉水更解渴。另一方面，保温瓶方便实用，容量大，一壶茶可供一家数口人饮用，什么时候喝，都能保证是口感好的热茶。再一个原因，是从前劳动时间紧，早上没有足够的泡茶时间，喝隔夜茶就成了一种传统习惯。有人在2016年调查统计，寨南时有80岁以上老人325人，至今这些老人大多仍健在，都有喝家乡茶的爱好。

喝隔夜茶是寨南人民在特定历史条件下形成的习俗，其文化意义和科学价值，都值得我们深思和探究。

排瑶茶俗漫谈

✳ 罗穆良

排瑶何时开始使用茶叶已不可知，而初始使用的也多半是野生茶叶。

记载排瑶较大规模人工种植茶叶的典籍，应该是清康熙年间李来章著的《连阳八排风土记》。他在书中《劝课瑶民栽种茶树一则》详细叙述了劝谕瑶民种茶的缘由："瑶人居住深山，田地难得，谋生之计，或无所出。""职司民牧者，独不可训诲督率，俾其敏以从事乎？"为了增加瑶民收入，改善他们的生活，李来章颁发布告，鼓励瑶民大量种植茶叶、油茶、桑、柘、椿、竹、杉、榛、栗等，奖勤罚懒。"其有勤紧种植，倍于他人者，花红奖赏。""倘仍前怠惰，听将附近山场荒废，挨查居民，定行究责。"

在李来章的倡导下，排瑶开始大面积人工种植茶叶。受茶马古道通商的影响，茶叶需求量大增，加上瑶山茶叶质量好，且有很好的防治瘴气的功效，大受茶商欢迎。这又反过来进一步激发了瑶民种茶的热情。瑶民赴墟，最常见的土特产就是茶叶和竹笋。乾隆年间广州府同知直隶理瑶军民属的谭有德，在《仲春巡阅西路瑶排杂咏》诗中写道："趁墟茶笋裹棠梨，换酒郫筒络绎提。"连山绥瑶同知邓倬堂的诗歌《连山土特产·山茶》写道："自开茶马市，大利民所藏。年年斗新品，与之角低昂。连山山宜茶，伯仲鄂与湘。宜善尤杰出，藉以洗氛瘴。"（西五排属当时连山）到了民国时期，瑶山茶叶的产量就相当可观了，"茶叶每年在本境销行者约值银八百余两，运至省城销行者七千余两"（凌锡华《广东省连山县志》）。

排瑶百姓在长期的生产生活中加深了对茶的了解和认识，形成了用茶的独特习俗。概括起来，主要体现在三个方面。

一是日常饮用和待客。古时候，南方气候燠热，深山老林，瘴气肆虐，时时威胁着瑶民的健康。瑶寨的高山茶防瘴毒效果明显，自然深受瑶民喜爱，不管是自饮还是待客，都是家中必备之物。从前，金坑片一些瑶寨的舞狮活动，每到"赞（占）花"环节，"摆青"的主家对瑞狮的来临表示欢迎，通常会用对歌形式出一首字谜歌："主月认言不认人，两人土上来弹琴，三人骑牛牛无角，草人骑木木生花。"谜底是"请坐奉茶"。

二是医疗保健。茶的医药价值，中国古代的本草著作《本草蒙筌》《本草纲目》《本草备要》等多有论述，认为茶具有"专治头目，利小便，善逐痰涎，解烦渴"的功效。排瑶群众有许多以茶疗疾的应用，现略举数则。

感冒发烧：感冒初起，瑶人习惯用茶、姜煎水洗澡；或者用茶煮鸡蛋，以蛋白包裹银戒指，蘸茶水反复揉熨头颈祛除风寒；或者用陈年老茶熬水洗澡。

眼睛红肿干痛：茶叶煎水清洗患处。

解酒：老茶叶煎水喝。

牙龈肿痛、防治虫牙：煎浓茶喝。苏轼的《茶说》认为"饮食后，浓茶漱口，既去烦腻而脾胃不知，且苦能坚齿消蠹"。据了解，许多长寿的瑶族老人，也有用茶漱口的习惯。

三是民俗用茶。这方面茶的使用较为广泛而原因复杂。

其一，供奉祖先。每逢初一、十五，排瑶瑶民都会燃烛焚香，在神龛、门口、灶台分别上供两杯茶，以示对祖先的敬重。若遇上灾难而得以逢凶化吉，辄大赞"阿公恶（得力）"。

其二，红白喜事。瑶人凡是需要祭拜时都要用到茶。举凡结婚、生子、祝寿、建房、开工、丧葬、架桥等大事，先生公的神案必定用到茶。

其三，古时候的订婚仪式。清李来章《连阳八排风土记·风俗》记载："……相悦订婚，宿于荒野。或会度衫带，长短相同，遂为婚。次日，告父母，方请媒行定。用红纸包盐十二两，又用茶叶一包，系以红青麻线，银一钱二分为定。"一位排瑶先生公解释："十二两盐表示一年十二个月，银一钱二分也是代表一年十二个月，引申为很长的时间或者说一生一世。红麻线表示女方，青麻线代表男方，一同缠绕茶包，表示婚后生生世世永不分离。盐表示辛苦，茶代表纯洁，用盐茶作为订婚礼物，表示夫妻同甘共苦，感情如一。"

其四，外出求学或谋生。临行前，送他一包茶叶。有两种寓意：一是让他不忘家乡的亲人，不忘家乡的山水；二是保佑他平安顺利。

排瑶茶俗丰富多彩，还有待我们深入发掘、继承和发展。

连南过山瑶独特的"种茶"习俗

✳ 罗穆良

连南过山瑶的"种茶",与连南排瑶的"点茶"相似,都是以茶供奉祖先的一种仪式。

黄莲村位于黄连山下,黄连山出产的茶叶质量上乘。《连山绥瑶厅志》载:"茗则大龙茶、小龙茶、黄连茶(现称"黄莲茶")、上帅茶。"可见"黄莲茶"在清代的粤北已负有盛名的。民国《连山县志》载,连山在民国初期,各项买卖除了杉树之外,就数茶叶的贸易额最大,每年销往省城的就有7000余两银圆。

作为游耕民族的过山瑶,生活在黄连山,对山茶自然是再熟悉不过了。他们在长期的生产生活中,形成了自己独特的茶文化。他们十分推崇"清明""白露"这两个节气所制的茶,认为这两个节气的茶最有医药疗效。"清明茶"是专门让人品尝的;"白露茶"则是在白露这一天将茶枝捆扎晒干或烘干,用于清热解毒、止痒去风,也有专门用茶树皮来治疗烫伤的。他们最具特色的茶文化习俗首推"种茶",程序大致如下。

大年三十晚上,大家都吃了晚饭洗完澡后,一家人洗干净脸,由一年长者主持"种茶"。先在神龛上点燃蜡烛,再敬三炷香(其他家庭成员也可各敬三炷香),香炉旁分别放置三杯酒、三杯绿茶,供品主要有一条猪尾巴(或用猪肉代替),三碟白色的糯米糍粑,和若干糖、水果;紧随着,在大门两侧燃三炷香，各摆放一杯茶，供奉室外的过路神仙。

供奉进行时，在师公选定的"出行"时间，各家各户燃放鞭炮后，迅速朝着"吉利"的方向去采摘一部分茶树枝回来，然后将它们分别插在香炉和白糍粑上，名叫"抢花"。除借此敬奉祖先外，还有请祖先保佑早些开枝散叶，确保人丁兴旺之意。

守岁期间，亲朋好友谈心叙旧，喝酒唱歌，而歌娘、师公也在这时传授徒弟。一时间热闹非凡，歌声不断，锣鼓唢呐齐上阵，一直延续到深夜才散。

到了大年初一早晨，一家人洗漱之后，也如除夕之夜一样"种茶"许愿。燃上香烛，摆上供品，大门两边各放一杯茶。从初一开始，要一连好几天早晚各一次"种茶"活动。

"种茶"活动延续4~8天不等，或初四或初六或初八，看看哪天日子比较好，就在哪一天之后结束。"种茶"的最后一天，待子孙全回来后，要禀报家神，由于出年后就开始忙各种农活，所以结束"种茶"，请祖先谅解，并保佑一家人平平安安。随后再将神龛上的供品撤下，叫作"撤茶"。

过山瑶的"种茶"习俗，体现了瑶民对祖先的崇拜，表达了他们对美好生活的向往。

简说茶在连南瑶族人日常生活中的用途

✳ 李坚超

千百年来，瑶族行走在崇山峻岭之间，既保留了刀耕火种的游耕民族习性，也衍生了一些新的"粗茶淡饭"的生活习俗。

客道

瑶族人的喝茶习惯，与其他民族大同小异，不过，瑶族人的喝茶更多是一种热情的客道。无论何时何地何人，无论是晨曦出现还是暮色苍茫，无论是在家门还是歇息的阴凉处，无论你是行夫走贩还是达官贵人，只要遇见，瑶族人都会热情地问好："来，喝杯茶。"这"茶"可能是真的香茗茶水，也有可能是解渴的白开水。所以，日常生活中，瑶族人喝茶，只是一种客道。

祭祀

在瑶族的民间习俗中，祭祀是古代社会乃至现今一种重要的礼制和生活内容。祭祀的食物一般为牛羊等牲畜、五谷杂粮及酒品。其实，"茶"也是瑶族人祭祀的物品之一，与祭祀的关系是十分密切的。

在特别的日子里，瑶族人会用茶来祭祀，如祭天、祭地、祭祖、祭神（祈求五谷丰登）。作为祭品的茶，寄托着祭祀者深深的祝愿。

瑶族人每逢初一、十五都会在自家的香案、门梁、门前，用茶来祭祀祖先。香案上一般是一碗水、两杯茶，门梁上一般是一碗水，门前摆两杯茶，形成"二碗水四杯茶"的格局。

喜庆

"茶礼"几乎为瑶族人婚姻喜庆的代名词。谈婚论嫁的年龄，瑶族女子结婚的嫁妆礼品演变为男子向女子求婚的聘礼。女子受聘茶礼称"吃茶"，姑娘接受人家的茶礼，便是应允了这门婚姻。

至于迎亲或结婚仪式中的茶，主要用于新郎新娘的"交杯茶""和合茶"，或向父母尊长敬献的"谢恩茶""认亲茶"等仪式。

（摘自2020年《记忆·清远茶》）

连南茶事 | 烫老茶

※ 赵洁敏

　　连南的茶历史渊源根据有关资料记载，可以追溯到清康熙年间。茶叶的品种、茶的趣事、茶疗的方式也是丰富多样，今天所说的"烫老茶"，就是在连南民间流传的一种保健茶疗。

　　自打记事开始，连南的汉族、瑶族群众家里都有储备茶叶的习惯，大家储备的比较常见的茶种，就是本地的一种叫"黄莲茶"的茶叶。黄莲茶为连南黄莲、板洞一带的茶叶品种，初期制成以绿茶为主，近年来也陆续有红茶。

　　"烫老茶"主要是本地一些民间的保健茶疗法。连南地处粤北山区，天气变化快，昼夜温差大。以前医疗设备落后，物质条件匮乏，家里大人小孩感冒、发烧、湿气重、皮肤瘙痒等不是特别严重的情况下，大都会选择"烫老茶"疗法。

　　"烫老茶"民间疗法大致可分为三种，根据病情不同，方法也是不一样的。先来说说感冒发烧的疗法。备料：准备一些有年份的老茶叶（黄莲茶），最好是密封保存放置3~10年的（老一辈老人的说法，年份越久的黄莲茶，祛风、去火、祛湿的效果越好）。准备一个鸡蛋，一块纯棉纱布，一个纯银的饰物或者银毫（民国期间的古银币）。煮茶：在砂煲里放一两有年份的黄莲茶，同步放入一只带壳的鸡蛋，加入水煮40分钟，煮至茶汤呈现浓浓的类似咖啡的深褐色，鸡蛋蛋壳也浸煮上色，就可以了。这个时候剥掉蛋壳，去掉蛋黄，只用蛋白包裹银饰，然后用纱布再包裹蛋白。准备工序做好，这个时候可以开始"烫老茶"了。操作者用纱布包裹着的蛋白轻轻蘸上煮好的老茶汤，一般从患者的头部开始烫起，到耳朵、脸部、颈部、肘关节，对小孩还会烫肚脐眼。"烫老茶"蘸的茶一般温度要高一点，同时也要考虑患者的接受程度，纱布凉了，又要再蘸上热的老茶汤重复为患者擦拭、烫疗。通常几个回合下来，打开纱布查看，会惊奇地发现蛋白里的银饰已蜕变成蓝色或者红色、黑色。这时有经验的老人就会为患者鉴定病症，蓝色的为身体受风寒吹了冷风，红色则表示身体内火气过剩，蓝色和红色都混杂的就是寒热并存了。

这种"烫老茶"祛感冒发烧的方法也是相当奇特。把变色的银饰用炉灶里的灰或牙膏擦洗后，又会洁白如新。这时候重新为患者"烫老茶"，烫完后，银饰变色程度明显没有原来第一次色彩那么暗沉。这是一种对感冒发烧比较有效果、见效也快的方法，在连南地区，不少群众都熟悉这种疗法。

笔者曾经抱着好奇之心，试用一些新茶或者别的茶种去进行"烫老茶"，效果大打折扣，疗效也差很多。黄莲茶这种老茶、蛋白、银饰通过"烫"对人体健康有益，"烫"的过程对患者起到很好的疏风散表、活血化瘀的作用。本地的大人小孩很多时候感冒发烧了，就会进行两三次"烫老茶"，痊愈的过程快些，同时还可以起到舒缓症状的作用。

"烫老茶"的另一种疗法是祛湿气。连南地处粤北山区，湿气重。"烫老茶"祛湿气的方法是，同样用有年份的黄莲老茶一两，放入带壳鸡蛋煮茶汤，等茶汤浓厚则捞起鸡蛋。这时候不用剥壳，当鸡蛋温度在60℃~70℃，连蛋壳一起滚推患者的头部、肘关节、耳朵、肚子等部位。3~5分钟后，剥开鸡蛋壳，会发现里面的蛋黄表皮有很多突起的小疙瘩。湿气越重，小疙瘩就越大越多；湿气少，疙瘩就没有或者少。滚烫几次下来，本来因为湿气重头脑昏沉的人也精神起来。其原理估计也是利用老茶和鸡蛋，烫的过程中让皮肤毛孔扩张、皮肤里的湿气排出，从而起到一定的祛湿效果。

"烫老茶"的第三种疗法，主要是通过洗澡、泡脚，对皮肤起到一定的清热、杀菌、止痒的效果。做法同样是选用放置一定时间的黄莲茶用大煲煮茶汤，当滚烫浓郁的褐色茶汤煮好后，加入生盐（未经精制的盐），放至可接受的温度后用于泡脚、泡澡。茶多酚和盐融合后，对于脚出汗有异味或者发痒的"香港脚"，有一定的杀菌、收敛性的效果。泡澡时用黄莲茶汤加入生盐，浸泡后对一些常见的湿疹、皮肤瘙痒，其保健效果也是很不错的。

"烫老茶"是连南地区群众之间口口相传的茶疗法，不少群众家里都会备上几斤上好的黄莲茶，可喝，也可茶疗。黄莲茶初尝略带苦涩，过后回甘。烟酒过多的朋友，夜里泡一点茶，第二天早上加点盐，茶水用于漱口（不要吞下），过后便会嗓子舒服，口感清爽。

以上为本人对连南地区群众使用黄莲茶"烫老茶"进行各种茶疗方法的记录，不同的地区叫法略有差异，但大体方式方法异曲同工，效果大致一样。"烫老茶"方法收集于民间民俗，本人归纳整理，不完善的地方，诚恳指出斧正。

茶人茶事

CHAREN CHASHI

寨南高山茶

✳ 潘渊祥

寨南，旧称稍豪坑（《阳山志》称稍陀坑），隶属连州阳山县淇潭司，时为寨岗地区"三坑（老鸦坑、白芒坑、稍陀坑）六保"之一，稍豪坑为第六保。1950年4月，设置大乡与小乡，寨岗为大乡，下辖金鸡和寨南两个小乡，自此"寨南"地名出现，意为位于寨岗之南面。1953年1月，含寨南在内的寨岗地区从阳山被划出，归属连南管辖。2006年6月，寨南并入寨岗镇，人们仍将山联、石径、新寨、白水坑、吊尾、称架6个行政村称为寨南，为寨岗镇寨南片区。

寨南位于连南瑶族自治县东南部，南岭山脉南麓，连江上游三级支流。"一方水土养一方人"，境内的崇山峻岭及冲积谷地的地势地貌，不仅养育了热情奔放、心胸宽阔、纯朴善良的寨南人，而且培育了众多特产，诸如寨南鱼、寨南鸡、寨南大笼糍、寨南豆腐、寨南猪血李、寨南冬笋等，以其独特的鲜、甜、嫩、滑、香、爽等风味，闻名于连阳地区，乃至清远、珠三角等地。更为出名的是寨南高山茶。

寨南境内山峰层层，峻岭叠叠，海拔800~1500米的高山，山联村有莲塘顶、鸿图顶、香菇山、大王岩、分水坳、龙牙侠、竹排岗、大王埂、大岭坑、糊洋坑山等，石径村有上庙山、深坑山、沙梨窝顶、麦山、庙坑山、冬瓜洼顶、庙洼山、白竹坳等，新寨村有茶坑山、埂顶、钟屋背山、吊丝坪、马流带山、山猪凼等，白水坑有天堂山、石榴山、茶坑顶等，中坑（中坑林场）有海螺顶、莲塘顶、白鸽塘山、朝旺堂顶、灯心塘、黑凼等。海拔700~800米的高山更是星罗棋布，绵亘于寨南村寨，山岭间林木密布、翠竹常青，境内溪河众多。蜿蜒的高山峻岭，纵横的坑冲河溪，沛萌甘露，雨水充沛，气候潮湿，土地偏酸性，极适宜茶的生长，为野生茶提供了得天独厚的生长环境，尤其是山联村、石径村、中坑，其次是白水坑村、新寨村。自明朝永乐十三年（1415年），吊尾村乌冲黄姓迁入繁衍于寨南地区以来，乡人就有到高山深坑采摘山茶用手工制作茶叶的习惯，沿袭至今。相传石径村高界茶就是明清时期的朝贡珍品。

20世纪60年代末，我在石径村（时为大队）高界小学任教，也曾与学生到竹篙坑、崩坑等高山采摘山茶。采茶是技术活，采摘时芽叶要原整，要用指甲把茶芽从枝上捏下来，不可紧捏，否则茶芽会被掰断。每到摘茶季节，采茶人的指甲总是被茶叶浸绿。我有缘目睹了乡人用手工制作茶叶的全过程。

一、萎凋摊晾。将从高山采摘到的一芽一叶或一芽二叶的鲜茶叶，剔

出老叶、碎片、茶枝、虫蚁及其他异物，视晴天叶或雨天叶，按5~10厘米的厚度摊放在筛子、簸箕上，置于室内通风处，大约1小时轻翻一次，待茶叶散失，叶质变软，鲜叶失水10%时便可付制。当天的鲜叶当天制作，不宜过夜。

二、炒叶杀青。杀青即为炒茶叶，在直径60厘米左右的铁锅内进行，先用干木柴做燃料加热，再将锅壁磨光洗净，否则会有异味。锅温宜在150℃左右，先高温后低温，手掌心距锅底4厘米左右测探锅温，有烫手感时即投下摊晾后的叶片，视炒锅大小每锅投鲜叶500~750克不等。刚下锅时，先用双手均匀翻炒，随鲜叶水分蒸发量的增大而逐渐加快，要抛得高、撒得开、捞得净，使茶叶均匀受热，水分快速蒸发，避免焦边红叶。当叶质柔软、叶色变暗时，用手或细软竹枝扎成的圆帚（茶把）反复挑翻、收拢青叶，在

乡人在炒叶杀青

锅中顺着同一方向（顺时针或逆时针均可）转圈轻揉旋转，动作由轻、慢逐渐加重、加快，不停地抖动挑散，反复进行，使青叶软绵蜷缩，形成泡松条索，嫩茎折不断。炒茶人的感知要精准，以手掌翻覆茶叶，用手心感受锅温，需手势轻盈翻炒，稍有不慎便会灼伤手指。

三、揉搓理条。将杀青后的茶叶用锅铲铲至竹编簸箕，用双手反复滚揉推搓，破坏茶叶的表面组织，揉搓至茶汁渗溢，使在杀青中初步泡松条索的茶叶进一步成条状。然后将其重新倒入100℃左右的炒锅，按杀青工序再次翻炒，炒至茶条稍紧直，互不黏结时（茶坯），将锅温降至70℃左右时开始理条，双手掌心相对捧茶，搓压转动和抖散，用力度先轻后重再转轻。搓抖

至茶条定型，手抓茶叶稍感戳手，并发出"沙沙"响声时，改微热烘干，或起锅摊晾。

在揉搓理条中，可待有3~4锅初步揉搓的茶坯后，再次翻炒，或将3~4锅摊晾的茶叶同放低温锅中微热烘干。寨南人制茶不喜欢在太阳下晒干，这是与其他地方制作干茶的不同之处。

手工制作茶叶是一门技术，全凭制茶人的感觉，准确掌握炒锅的温度和翻滚茶叶的速度，否则，一不小心就会炒煳一锅茶。揉搓时亦须细心把控手掌的力度，同样需要经验的积累，太过用力或者不够用力都会影响茶叶的品质。

那几年目睹山里人手工制作茶叶后，每到采茶季节，我都抽空去观看乡人手工制茶。从茶芽到被送上茶桌，一片茶叶的制成可谓经历了几多艰辛，凝聚了制茶人辛劳的汗水，他们在制茶中大汗淋漓的身影，完美诠释了闪闪发光的匠人精神。一泡醇厚甘清的山茶背后，付出的辛苦只有制茶人自己才知道。目睹乡人制茶，我深深体会到：一杯好茶来之不易，茶的芬芳馥郁与甘口凉喉，都饱含着制茶人的艰辛，是用制茶人的勤劳汗水换来，"杯中沁露何处来，片片苦辛片片情"。

据《寨岗镇志》载：20世纪60年代中期，寨南公社从新寨大队鱼扇嘴至中坑锅坪创办寨南林场，有林面积12764亩，其中种茶62亩；石径大队在松柏洞梅坑至中坑阿姆山创办梅坑知青林场，有林面积13492亩，其中种茶30多亩，1977年计划将茶叶扩种到100亩以上，但计划未能实施。茶场所摘茶叶，初用手工加工，后来用机器制作，大大减轻了炒茶的劳动强度。但是，机器所制茶叶的色与形不如手工所制，喝起来的味也远远不及手工茶。80年代中期，寨南境内的集体茶场因无专人管理而停办。然，边远山区的村寨，几乎每户都有一亩几分地零星种植茶叶，白水坑村有的农户种植茶叶10多亩。2010年，寨岗镇社墩村木公坪人巫志斌在老厂地域的崩坑种茶300余亩。当今寨南的茶大多为深山所采，手工制作。

旧时，寨南较有名的是高界茶，其叶底匀整、清纯不杂、香气洋溢，自古闻名遐迩。相传真正的高界茶只有高界庙后山处的寥寥几棵，茶树苍茂，常年翠绿，人们每到清明前后在此采摘茶叶。据说这棵茶树上的嫩叶摘完了，那棵茶树又会长出新芽，供人采摘。我在高界村任教时，曾与人去寻觅那几棵茶树的踪迹，但未找到，也许茶树已老朽无存，也许根本没有这几棵茶树。但高界茶的传说，却为高界茶是明清时期的朝贡珍品这一说法，添加了几分神奇色彩。

如今的高界茶，是指在石径村高界方园的竹篙坑、二渡水、田湖、崩坑、芙蓉坪等高山上所采之茶。此外，石径村有豆腐磨茶、桂坑茶、沙梨山茶等，山联村有亚婆岩茶、坑坪茶、板坳茶、对木冲茶等，新寨村有马流带茶、茶坑茶、塘顶茶等，白水坑村有沙木塘茶、老屋坑茶、大底坑茶等。寨南茶普遍叶大面隆、质软节长、芽稍粗壮，其中最优质的是中坑茶。中坑茶生长于从阿姆山至蛤蟆落井处一条长5000多米的中坑河山谷，山谷两旁山岭高耸，海拔800米至1100多米不等，只有上午10点至下午4点可看见太阳光。遮天蔽日，云雾缭绕，湿气浓重，空气清新，负离子多，只看青山与绿水，

仅吸天地之精华，全无污染。在中坑采摘的茶叶，不仅有山联村、石径村、新寨村、白水坑村所采山茶的共同优质之处，更以其留香长久，入口回甘，醇和可口，清纯不杂，茶汤浅黄，不显生涩，亦无青草味而独尊，可与香如兰桂的乌龙茶、味似甘霖的铁观音茶及澄清通透的碧螺春茶媲美。

寨南人俗称茶为"细茶"，也许是因茶叶细小而得名。客人自远方来多以茶相待，亲朋入门必先斟茶待之，清茶一杯以示迎客。然，平日里中老年人较青年人常饮，也许因为中老年人的生活压力较轻，有时间去"品"味。所以，旧时采摘寨南茶的人较少，口渴时常以山楂叶茶（俗称蝉梨茶）代之。随着时代生活节奏的加快，更多的年轻人也向往慢时光的生活，因为年轻，奋斗的人生刚刚开始，很难到"世外桃源"去过那男耕女织的生活，只有喝茶是当今最可行成本也最低的方式，故而对饮茶的意识有很大的改变：饮茶为人脉关系广，饮茶为接触层次高，饮茶为生理心理的健康……为了融入更多更优质的社会圈子，故当今年轻人也学会喝茶、品茶，茶叶的需求量日益增大。为此，寨南人不再像20世纪前那样，采茶制茶仅是为了家庭饮用，更多的是为了出售。寨南茶普遍售价200~250元/斤，中坑茶在250元/斤以上，储存的陈年老茶则为500~1000元/斤不等，储存愈久，茶价愈贵。崩坑巫氏茶场的茶叶，在2016年已开始采摘，以其自然生长无污染、制作精细而独占鳌头，普遍卖350元/斤左右，有的甚至3000元/斤以上，销至广州、深圳、香港等地。

茶是当今世界著名的三大饮料之一，被称为东方饮料。茶的种类很多，有绿茶、青茶、红茶、白茶、黑茶等。寨南从古至今均制作绿茶，其成品因没发酵，冲泡后的茶叶和茶汤较好地保存了鲜茶叶的色泽，汤清叶绿。从寨南人饮茶的几百年历史看，境内凡嗜好喝山茶的中老年人，患癌症及肥胖症者均较少。经专家分析，寨南绿茶与其他地方的绿茶一样，含有咖啡因、茶多酚、胡萝卜素、芳香油、维生素A、维生素B、维生素C、维生素E，以及无机盐等400多种成分，除有醒脑提神、消除疲劳的作用外，还有消炎抗菌、延缓衰老、护齿明目、瘦身减肥之作用。2016年，我在参与撰写《全粤村情》（连南卷）时调查，寨南时有80岁以上老人325人。其中：山联村76人，最年长者103岁；石径村68人，90岁以上6人，最年长者98岁；新寨村30人，最年长者93岁；白水坑村9人，最年长者87岁；吊尾村68人，最年长者95岁；称架村74人，最年长者99岁。这些老人大多至今仍健在，虽已耄耋之年，仍头脑清醒、精神矍铄、身子硬朗、步履自如，究其原因，他们都有饮寨南绿茶的习惯。

寨南绿茶含有氟，其中儿茶素有防治龋齿的作用，可以减少牙菌斑及牙周炎的发生，并可杀菌。每当虚火上升、风火头痛、声音嘶哑，或扁桃体炎、喉咙肿痛，寨南人都习惯用存放数年的陈茶与青皮鸭蛋同煲取汤饮服，均能收到快速降火、杀菌消炎的功效。当今，高血压、肥胖者增多，不少人购买寨南茶泡饮调节，较好起到降血压、降血糖、降尿酸和减肥的作用。

"一颗静心观世界，半壶清茶悟人生。"我自退休以来，一直与10多位退休老人饮茶于设立在县城的寨南老乡家的"茶斋"，成了好茶友，边饮茶边品茶，边品茶边闲聊，谈古今中外，说天文地理，议身边新事，"余生人间潇洒过，清茶一杯度流年"，大有唐代皎然《饮茶歌诮崔石使君》中的"一饮涤昏寐，情来朗爽满天地。再饮清我神，忽如飞雨洒轻尘。三饮便得道，何须苦心破烦恼"之感触。人生就像一杯茶，平淡是它的本色，苦涩是它的历程，清香是它的馈赠。在品茶中回味那先苦涩后甘甜如茶一般的人生，深感能生在中华大地而"得意扬扬"，能长在中国共产党领导下的和谐社会而"沾沾自喜"，总觉得中国人是当今天底下最幸福的人。如今，茶友们对茶情有独钟，有着"可一日无食，不可一日无茶"的嗜好。在饮茶中，享受一种悠闲、一种淡然、一种宁静，真正领会到了古人那"茶者，今年二十，明年十八"诗句中的深意，总觉童心不老，心态越活越年轻，精神饱满，安然自在。喜哉，乐哉，欣赏着夕阳无限好的美景。

我爱寨南高山茶，亦爱寨南隔夜茶，更爱那勤劳纯朴的寨南人。心有千千语，寄予采茶人。

栗香馥郁大叶茶

❋ 房丽珍

山水秀丽，峰峦叠翠，自然风光美不胜收，资源禀赋得天独厚，这便是世界经典名曲《瑶族舞曲》的故乡——连南。这里的土地肥沃，雨量充沛，孕育着大叶茶。

连南种茶已有千年历史，在历史的迁徙中瑶民不断移植茶树，逐渐形成了一个茶树的群体品种。1988年，经广东省农作物品种审定委员会审定，连南茶叶品种为"连南大叶"。

连南大叶茶的特点

2015年，连南大叶茶（绿茶）荣获广东省名优茶质量竞赛金奖；2020年，被纳入第二批全国名特优新农产品名录。大叶茶犹如一颗璀璨夺目的宝石，为连南增添了光彩。然而，你知道吗？这久负盛名、香飘四方的连南大叶茶（炒青），是通过鲜叶、摊青、杀青、揉捻、炒二青、摊晾、炭焙、辉锅等工艺才精制而成的。

大叶茶有它独特的品性和特点，适宜红壤、黄壤两大类土壤种植。连南大叶茶（炒青）外形条索紧结、银绿起霜，汤色黄绿透亮，栗香馥郁，滋味浓醇。

极富传奇、历史悠久的连南大叶茶

瑶家人历来有种茶、制茶的习惯，无论迁居到什么地方，家家户户都会栽种茶树。大叶茶凉而不寒，清热而不伤脾胃，是瑶家人一年四季的上品茶饮，备受瑶家人的喜爱。

在瑶家，每逢初一、十五都以茶敬祖，因此，茶是每家每户的必备品。采茶和烘制茶，也是家家必会的技艺，甚至在嫁娶时女方的嫁妆中必有茶叶这样的习俗，并且一代一代相传下来。

据史料记载，清朝康熙年间的《连阳八排风土记》书中《劝谕瑶人栽种茶树一则》记载："劝谕瑶人栽种茶树，每户灶丁须种茶一亩。"光绪年间出版的《连山绥瑶厅志》记载："茗则大龙茶、小龙茶、黄连茶（现称"黄莲茶"）、上帅茶"，《广东连山县志》（1928年版）记载，连南大旭、大龙、金坑等地有制茶、喝茶以及销售茶叶情况，可见连南大叶茶历史悠久。

连南大叶茶的发展

在古代，人们只是野生采摘，粗放管理，腿踩手揉制茶，良种也无法得到推广，只能默默无闻地听天由命。在"以粮为纲"的年代，茶叶只是当地人们的"副业"而已。改革开放的春风唤醒了沉睡的大地，连南人民在改革的浪潮中迸发出振兴山区的极大热情，大叶茶备受推崇。大叶茶似乎是天赐予秀美连南的财富。近年来，清远市出台《清远市农业"3个三工程"实施方案》支持发展连南大叶茶；连南县出台茶叶发展扶持政策及补奖方案；广东省农业科学院清远市连南稻鱼茶产业园科技对接服务；广东省农业科学院茶叶研究所对连南大叶茶包装罐进行技术转让，设立科研基地。经过连南人民不懈的努力，大叶茶已形成了产、供、销一条龙的服务网络，逐渐成为支柱产业。黄莲村的村民说："以前无技术无设备，鲜茶卖不起价。一样的好品质，以前只卖到几元一斤，现在可以卖到23元一斤，有的古树茶甚至可以卖到上千元。现在大叶茶已成为村里茶民脱贫致富的希望。"

2002年，全县茶叶种植面积4629亩，茶叶总产量达156吨（生茶）。2020年，连南茶叶种植面积1.2万多亩，茶叶年产量860多吨；全县茶农人数1.5万多人，茶叶加工企业20多家，标准示范茶园5个、数字茶园1个；拥有广东省第三届名特优新农产品、全国名特优新农产品这两个"连南大叶茶"公共品牌，连南大叶茶申报全国农产品地理标志产品也顺利进入了公示审核阶段。随着单贵大叶茶面积的不断扩大和加工手段的不断提升，茶叶已成为家乡农民的"钱袋子"，农民的腰包也因为茶叶的普及而"鼓"起来了！

连南县瑶山特农发展有限公司副总经理赵土县表示，仅在2020年，该公司就支付连南当地茶农劳动报酬达380万元，实实在在助力农户增收。

创办连南大叶茶品牌

赵土县，"80后"青年，连南县黄莲村瑶族人，现任连南县瑶山特农发展有限公司副总经理。他曾在大城市工作，有一天，做出了一个让家人和朋友难以置信的决定——回故乡做茶农。连南大叶茶的高品质和销路差一直是个矛盾，外地人买不到正宗的大叶茶，本地的大叶茶又找不到好的销路。面对现状，赵土县把"为连南的大叶茶找到好出路"当作自己的目标。2014年，赵土县怀着发展连南茶业的梦想回到家乡创业。2015年，赵土县注册了自己的瑶香红茶发展有限公司，2016年10月，又加入连南瑶山特农发展有限公司。在他的带领下，连南县成立了第一家体验式茶馆，让茶客能直观地看到茶叶采摘、加工的情况，亲身体验茶产品的制作，并现场品尝。赵土县带领当地电商协会工作人员完善了公司线上商城，进一步扩大了市场，销售额

赵土县在采茶叶

瑶族姑娘在茶园里采摘茶叶

逐年上升，2020年大叶茶年销售总额已达384万元。

"单贵"在瑶语中是高山的意思。连南大叶茶产于绿水青山之中，具有"栗香馥郁，清苦回甘"的独特品质特征。因此，大家给它取了一个高贵优雅的名字——单贵大叶茶。从此，连南大叶茶有了自己的品牌。短短几年时间，单贵大叶茶已粗具名气，源源不断地销往珠三角地区，销量年年上升。大叶茶产业已逐渐成为连南人民脱贫致富的主导产业，一座座青山正在变成"金山"。

在连南，饮茶别有一番风味。只要村里结婚、嫁娶、新居落成、生日宴会、敬老宴请等喜庆的时刻，瑶家人都会欢天喜地煮一大锅大叶茶茶水，迎接客人，以茶敬客。喝一杯茶水，这是隆重且最高的礼遇呀！大叶茶，平凡中彰显出高贵。我自儿时起，就习惯了喝连南大叶茶。依旧清晰记得小时候在家务农的日子里，每每灼热的夏天，从田间地头劳动完回到家里，一进家门就拿起舀茶水的勺子，舀满茶水，一饮而尽，顿时有舒坦自如、神清气爽的感觉。大叶茶，蕴含着独属于连南的民俗魅力，更是彰显了中华上下五千年的茶文化、茶文明。

连南大叶茶，生长在高山里，满满的乡土气息，浓浓的茶香，纯天然绿色生态茶。绿水青山就是金山银山。大叶茶，带给连南的不仅仅是产业振兴，还真正实现了百姓富、生态美的统一。大叶茶的健康发展，使连南既有"绿水青山"的颜值，又有"金山银山"的内涵。

（摘自2020年《记忆·清远茶》）

我所了解的黄莲茶

❋ 潘伯成

"黄莲茶"是一个容易产生歧义的名词。1988年夏，第一次听说"黄莲茶"时，我在县公安局参加一个培训班。一天晚上，一位老家在黄莲村的同事对我说："快来饮黄莲茶喽！"当时我误以为是用清热解毒的中药黄连泡出来的凉茶，便说："太苦了，我不要。"他赶忙解释说，不是中药，而是在黄莲高山上采摘的野生老树茶，还神秘兮兮地说："以前是贡品喔！"那天晚上，我第一次品尝了黄莲茶，由于那时候还年轻，没有品茶的经验，说不清也道不明黄莲茶究竟是什么味道，但总体觉得黄莲茶的茶色漂亮、口感好。从那以后，随着生活、工作阅历的增加，尤其是本人原工作单位挂扶黄莲村委会后，我对黄莲茶有了比较全面的了解，同时也越来越喜欢喝黄莲茶。

黄莲茶历来久负盛名，它与寨南的中坑茶、高界茶以及大坪镇的天堂山茶齐名。据民国《连县志》记载："连南'茶叶产量以大龙为多'，并把黄莲茶作为地方特产单条列载。据1950年调查，全县产茶200~300担，以第三区菜坑、马头冲，第二区的必坑、大龙、金坑、内田最多，而菜坑的黄莲茶1斤换米6斤。"中华人民共和国成立初期，茶学家、茶学教育和茶树栽培专家莫强及张博经等，曾专程前往连南县黄莲村等茶区调查，并成功帮助将黄莲茶改制成红茶，以其优异品质受到国内外茶商的好评。据记载：黄莲茶，色佳味香。1959年在广州市举办的中国出口商品展览会上展出，获中国茶叶出口公司奖励。英国商人购去在英国伦敦展出，认为可以与国际锡兰红茶媲美。民间还传说，中国外交官把黄莲茶作为国家礼品送给英国女王，故有"贡品"的美誉！现在的黄莲绿茶具有香高、味浓、鲜醇、甘厚等特点，饮之沁人心脾；红茶则具有外形乌润、滋味爽口柔和、汤色黄绿透亮等品质特点，饮之醇爽怡神。

绝大多数茶叶都是以产地来命名的，黄莲茶也不例外。所谓黄莲茶，一般是指在黄莲村辖区范围内采摘的青茶加工制作而成的茶叶，但黄莲周边的村如菜坑村的茶叶也叫黄莲茶。大麦山镇黄莲村坐落于广东省连南瑶族自治县的南部，距县城约60千米，周边有板洞、菜坑、塘凼、中心岗、上洞等村，全村现有612人。黄莲村海拔高397米，属亚热带季风性气候，春季阴冷湿润，夏季炎热多雨，空气湿度大，雨量充沛。2021年，这里的降雨量约

1412.9毫米，年平均气温约19.2℃，四季的日夜温差大，属花岗岩地貌，土地肥沃，土壤呈微酸性，适宜茶叶、油茶等植物生长。黄莲村辖区及周边有五海顶、石钟顶、石营顶、天堂山等山脉，其海拔高度均在1100~1400米，在这几座高峰之间，山峦起伏、沟壑纵横、云雾缭绕，围成了一个方圆100多平方千米的天然"黄莲茶场"。野生黄莲茶就生长在海拔600~1500米之间的大山里。

黄莲茶的品种几乎都是大叶茶。大叶茶属乔木、大叶种，树姿直立或半开展，分枝稀疏，树形高大，树高可10多米，围径大者可达1米。叶色绿，渐尖，叶片锯齿状，且粗、浅、钝。叶片上斜或半斜着生，按叶片形态被划分为大叶型和长叶型。1982年10月及1983年4月，省农科院茶叶研究所两次对本县的茶树品种资源进行调查，重点调查黄连山、大龙山野生茶树，发现黄莲大叶种茶有大叶型和长叶型两种，以大叶型居多，且种性优良纯度较高，具有叶大面隆，质软节长，萌芽偏迟，芽梢粗壮，适应范围广，相生快发，耐寒性强等特点，既可制红茶、绿茶，亦可制普洱茶。

从茶叶的生长环境来划分，黄莲茶可分为野生茶和平地、坡地人工种植的茶。据黄莲村老人回忆，黄莲村寨附近有少量老树茶，已有上百年甚至两三百年的历史，从20世纪五六十年代开始大面积地种植茶叶，光是茶地坪一个生产队就种植了70多亩黄莲茶。种植前，村民把从高山上摘到的茶果（茶种子）晒干后，次年春季在较为平缓的山坡地或常耕地种植，每个土坑放2~3颗茶果，每亩约挖茶树坑150个。另外，有少部分是挖山上的实生幼苗移植到茶园里，从而保证了黄莲茶品种的单一性和延续性，确保黄莲茶的品质特性。

黄莲茶从茶叶的制作方式来划分，既

有手工茶，也有机械加工茶。据黄莲村的村民说，1976年，黄莲大队企业办就已购买制茶机来加工茶叶了。大约从20世纪90年代中期开始，黄莲村陆续有村民购买制茶机（揉捻机、烘干机等）来加工茶叶。至21世纪初，制茶机在全村普及使用。鉴于该村村民的制茶技术参差不齐，2015年秋，县科协与县农业局在大麦山镇联合举办了一期"茶叶栽培管理和茶叶制作技术培训班"。此外，还组织黄莲村的茶叶大户赵龙州等人去清远英德学习茶叶制作技术。

从黄莲茶的品质和制作工艺来划分，黄莲茶又有红茶和绿茶之分。据了解，黄莲村村民从高山上采摘的野生茶，多数用于制作绿茶，如果采摘数量较少时，村民多数自己以手工制作为主，或者干脆将茶青转卖给他人。在茶园采摘的茶叶，多数用制茶机加工，发酵成红茶。当然也可根据顾客需要，用不同来源的茶青，制作成各种档次的红茶或绿茶。2017年，黄莲村建有一间小规模的私营制茶厂，另外还有一家以种植、销售茶叶为主的公司——连南瑶族自治县瑶香红农业发展有限公司。目前已注册了两个黄莲茶品牌，即"单贵"红茶、"单贵"绿茶。

另据黄莲村的村民说，大约21世纪初，清远市档案局挂扶大麦山镇黄莲村，拨了一些资金给黄莲村搞旧茶园改造，即把原来的老茶树（树径约18~22厘米）挖掉，改种从外地引进的铁观音品种。结果由于土质不太适宜铁观音茶树生长、栽培管理跟不上、茶叶制作技术欠佳等因素，加工出来的铁观音茶品质较差，购买者寥寥无几。目前，铁观音茶树处于无人管理状态。当然，那些铁观音茶叶就不能算是传统意义上的黄莲茶了。

黄莲茶的销售收入是黄莲村村民的主要经济来源。据了解，2021年，黄莲茶采摘量约1.2万斤（不包括周边的菜坑等村），产量虽然不大，但由于其品质优、口感清香、甘美等特点，价格逐年递增且连年畅销。近年来，黄莲绿茶160~200元/斤，老树茶200~260元/斤；茶园红茶平均200元/斤；野生红茶300~400元/斤；高端红茶每斤480元、560元、900元（网售价）不等。据当地村民说，早在2012年，有个外地老板请了一位英德市的制茶师（酬金3300元/天），到黄莲村收购深山老树茶的茶青，并在当地加工，每斤售价高达6000元！另据黄莲村村民说，2016年后，有外地茶商老板到黄莲村抢购茶青，然后转售去英德加工。

随着黄莲茶种植面积的不断扩大和制茶技术的不断提高，借助"互联网+"等平台，黄莲茶将会走出大山，走向全国，被越来越多的人喜爱和享用。

坚守瑶山那一抹茶香

——记连南县瑶山特农发展有限公司副总经理赵土县

❀ 房丽珍

初夏的黄莲村，天蓝水碧，云媚风和，万亩茶园镶嵌在青山碧水间。这里是赵土县的老家——连南县大麦山镇黄莲村。

笔挺的白衬衣，简约的黑西裤，中等的身材，单肩挎着只黑背包。从乡村收茶叶回来的赵土县刚从小货车上弯腰出来，立即有村民热情地招呼："赵总又回来收茶叶了……"

赵土县，"80后"青年，连南县黄莲村瑶族人，具有丰富的线下线上营销推广经验，现任连南县瑶山特农发展有限公司副总经理，负责生产经营管理、产地服务、销售服务、项目管理等工作。2014年，在大城市工作的赵土县在别人的不理解中辞职回家乡做茶农。然而，这个大转变，却让他活出了别样的风采。一个用大叶茶改变自己，继而改变家乡的种茶人，他的人生因大叶茶而熠熠生辉，散发出迷人的光彩。

赵土县出身于茶人世家，祖祖辈辈土里刨食，以种茶制茶卖茶为生。从小在茶区长大的他，跟随长辈们种植、采摘、制作茶叶，经历了茶的栽培、管理、加工和销售的各个环节。茶是他一生割舍不断的情结，茶就像是家族延续的基因，一直都在他的血液中流淌。但是，真正促使他改变的，是他对大叶茶有了深刻的认识之后。

　　"连南大叶茶"原为野生茶，主要分布在海拔600~1500米之间的山涧峪谷。连南大叶茶制成的绿茶具有香高、味浓爽、汤黄亮的品质特点，饮之清心回甘，红茶则具有外形乌润、滋味醇和的品质特点，饮之醇爽神怡，是人们一年四季的上品茶饮，备受世人的喜爱。但令人头疼的是，本地茶叶的高品质和销路差一直是个矛盾：外地人买不到正宗的高山好茶，本地的好茶又找不到好的销路。面对这一现状，赵土县决心用自己的努力和坚持来改变，不仅要种好茶，还要为家乡的茶叶找到好出路，让茶农的生活真正与这个快速的时代接轨。

　　于是，凭着一股初生牛犊不怕虎的闯劲，他开始踏上推广连南大叶茶的艰辛之路。赵土县凭借多年磨炼的经验发现，大叶茶虽然良种化程度比较高，但还有许多不尽如人意之处，尤其是品牌很弱，没有自己的品牌，茶叶专业队伍科研能力较差，知识更新脱节严重。

　　"打铁还需自身硬"，为了提高茶叶工作者的科技水平，必须"从我做起"，通过学习提高自己。赵土县从2017年至今参与省内外茶叶技术、加工生产等专业培训活动31期，掌握了茶叶种植、加工等核心技术问题，提高了产品的质量，保证了产品的稳定性，从中学到了许多茶学方面最新的专业知识。赵土县还多次到省内外参加茶产业交流会、展销会等活动，更全面地掌握茶叶文化和品牌营销的知识。

　　近年来，连南县委、县政府秉着"生态与文化立县、全面高质量发展"的战略，为加快推进民族地区特色农业产业高质量发展，大力推广连南茶叶产业化。2021年通过县农业技术推广中心成功申报了"连南大叶茶"国家地理保护标志产品，2017年通过县特农公司成功注册了县域公共品牌"单贵"茶商标。"单贵"在瑶语中是大山的意思，连南大叶茶产于绿水青山之中，具有"栗香馥郁，清苦回甘"的独特品质特征，因此，大家给它取了一个高贵优雅的名字——单贵大叶茶，意即"来自大山的好茶"。从此，连南大叶茶有了自己的品牌。短短几年时间，单贵大叶茶已初具名气，源源不断销往珠三角地区，销量年年上升。

有一次，我跟随赵土县去茶园采风。车辆盘山而上，窗外阳光正好，茶园成片，嫩叶吐翠。茶农在茶园里一边唱着歌，一边采摘新芽。赵土县背着竹篓走进茶园。"采茶讲究手巧、手快，对时间要求极紧。芽头长出来，外面刚刚冒出一片嫩叶，就必须飞快地掐下来，否则会影响茶叶形态与营养。"赵土县边说边用老到的手法，瞬间将芽头捻下，放入竹篓。

用科技手段深入研究茶的健康价值和制作工艺，是赵土县智慧闪光之处。全力沉浸在茶产业事业的他，一直默默地付出。2018年至2019年负责实施连南县坑口示范茶园基地、连南瑶族自治县稻鱼茶省级现代农业产业园"三产融合发展中心"项目建设，2020年负责广清连南万亩茶园（一期）建设项目，这些项目的落成，对产业链建设，提升产业效益，促进联农带农增收，打造新型农业生产青年人才组织体系，促进产业高质量可持续发展，都具有重要的现实意义和作用。

赵土县多年打拼在茶产业，在他的带领下，团队取得了可喜的成绩：2016年以"瑶香红茶"为代表，荣获2016年广东（佛山）首届茶王争霸赛"优质奖"；2019年以"单贵茶"为代表，荣获广东省"粤茶杯"红茶银奖、绿茶优胜奖；2019年至2020年以"瑶香红茶""单贵茶"为代表，荣获连续两届"连南大叶杯"红茶金奖、绿茶银奖；2021年以特农公司选送代表的"单贵红茶"，在广东省产业园147个产品评选排名中名列前茅，荣获广东省产业园推荐"十大手信"产品。为了打造品牌，他积极参与设计并成功申请了"连南大叶茶"包装外观专利1个，为连南大叶茶增添了光彩。

香飘四方的连南大叶茶（炒青）通过鲜叶、摊青、杀青、揉捻、炒二青、摊晾、炭焙、辉锅等工艺精制而成。连南大叶茶（炒青）外形条索紧结、银绿起霜，汤色黄绿亮，栗香馥郁，滋味浓醇，叶底黄绿尚亮。近几年来，通过连南县政府的大力推广，曾经无人问津的大叶茶，成为茶界的新宠，茶青价格每年持续上涨。

　　一花独放不是春，百花齐放春满园。如今，在赵土县的带动下，不仅黄莲村，包括全县整个茶产业，农户采摘的茶叶鲜叶单价由过去的6元/斤猛增到现在的24元/斤，有的古树茶甚至可以卖到上千元/斤。

　　绿水青山，变成金山银山。2002年，全县茶叶种植面积4629亩，茶叶总产量达156吨（生茶）；2020年，连南茶叶种植面积1.2万多亩，茶叶年产量860多吨，全县茶农人数1.5万多人，茶叶加工企业20多家，标准示范茶园5个、数字茶园1个。茶产业成为农村脱贫致富不可替代的可持续发展大产业之一。在茶叶相对供过于求的今天，大叶茶已成为被广泛接受的健康饮品。连南成为因大叶茶而兴、因大叶茶而富的美丽地方，赵土县功不可没！他不仅改变了自己，也改变了家乡。

　　"雄关漫道真如铁，而今迈步从头越。"赵土县目睹大叶茶远销国内市场而倍感欣慰和愉悦，面对荣誉和业绩，更加坚定选择做茶事业的信心和决心。让大叶茶走出大山，走向世界，前景广阔，他永远不会停息、不会止步。

寻茶在何处，故旧起微山

✽ 甘志刚

2022年10月2日，国庆假期第二天中午12点，广州的雷总，清远的张总、刘总三家11人，如期而至。他们到连南度假，主要是看看连南山水，体验瑶族风情。

于他们而言，瑶族是一个充满神秘色彩的神奇民族。探究瑶族文化、习俗、生产生活方式，是他们此行的目的。

中午就在后花园听月轩设席招待，当他们品尝原汁原味的三江特色美食后，都赞不绝口。真正乐，在农家；真正味，在农家。他们这次真正体会了一把，曾经的厨房，儿时的味道，于都市的人们，有多少人有幸体会？

雷总是广州最高端品茶圈内人士之一，自然也带了茶叶作为手信给我。他们随车带着各种茶和好几套茶具、茶器，刘总更是亲手泡茶，对茶具、茶器、水、温度的要求都十分高。几番眼花缭乱的泡茶及各种要求的讲解，让我这个对茶十窍通了九窍的白丁目瞪口呆，实实在在地被动上了一堂茶经课。

第二天他们回广州时，既然他们喜欢茶，刚好连南八排瑶山公司覃总送了一箱茶叶给我，我自然借花献佛，给每个家庭送了一包起微山茶叶。

不曾想到了6日晚上9点36分，刘总微信问我有没有上次送他们的茶叶，多少钱一包。我实话实说是覃总送我的，也不知道多少钱一包。刘总说，他们刚在雷总家泡了上次送他们的连南的茶叶。

听我说不清楚，刘总有点迫不及待，说明天一大早要赶来连南，买送他们的这种茶。我心中莞尔。饮茶者，有茶痴，雷总、刘总大概也是罢。果然，第二天中午12点多，雷总、刘总二人就驱车到我家，饭后迫不及待地要我带他们到八排瑶山茶叶公司去买茶叶。

谁承想被覃总告知，这种茶叶已经卖完了。我从他们的交谈中才得知，这种茶就是人称"东方美人"的乌龙茶中的极品——五色白毫乌龙。

雷总、刘总大失所望。刘总直言，"东方美人"产地只有台湾、福建和广东紫金，他们都饮过这些地方的"东方美人"，想不到连南也产"东方美人"，因为"东方美人"除了茶种、种植条件要求高之外，制作工艺要求也相当的高。而连南的"东方美人"与上述地区相比，无论蜂蜜香及花香味，还是汤色都更好。他们之所以赶来，就是要探个究竟。

从他们的交谈，我才知道"东方美人"（白毫乌龙）茶需要一种叫茶小绿叶蝉的虫子吸吮过的一心二叶的嫩芽，只有经过这种虫口汁润过，才具有特有的蜂蜜香及花香。而这种茶产量极低，有时一亩茶园一年只能生产两三斤，难怪广东河源紫金产的"东方美人"，卖到3万元一斤。

据覃总介绍，早年他在河源做茶时认识了台湾林文经教授，林文经教授教会了他制作"东方美人"的工艺。他后来到连南做茶，就是看中了连南特殊的土地、环境、气候。产"东方美人"茶的地方一般只有端午一季，而连南由于独有的地理条件，可以在端午、七月、八月制作三季，是全国仅有的。

而连南还有两个优势。一是有分布广泛的一万多亩野生茶、古树茶。据秦汉时期的《地形图》《驻军图》、马王堆三号墓出土的《守备图》载考证，东经111°~112°30′、北纬23°~26°之间，连南正处这片区域，谓"茶树遍生谷，全属野生"。由此可知连南栽种茶历史久远，至今几百上千年的古茶树比比皆是。二是有特有的大叶茶种，连南大叶茶是国家地理标志保护产品。东汉《桐君录》载：南方有树，如瓜芦，交广最重。又，《南越志》载："瓜芦，叶似茗，土人谓之过罗，或称物罗。"其实就是现在的大叶茶的古称。连南近年推崇种植大叶茶，面积已达万亩。用大叶茶制作"东方美人"，蜜香花香尤佳，茶汤入喉，甘润香醇，口齿留香，回味无穷。

莫徭多茶树，无怪日本茶学家松下智在其著作的《茶之路》中，称瑶族是世界最早利用茶叶的民族。连南不少瑶民通过种茶、摘茶青、卖茶叶，增加了家庭收入。茶叶，仍然是百里瑶山经济收入的保障。

连南起微山既是三江河的发源地之一，连南瑶族的开基地，也是连南茶叶的开源地之一。以起微山始，遍布连南全境的几万亩野生茶、古树茶、标准茶，已经给了雷总、刘总最好的回答。

雷总、刘总此次前来，虽然没有买到"东方美人"（白毫乌龙）茶，但也寻到了连南茶的踪迹。他们和覃总约定，明年端午再来连南，买连南"东方美人"茶，品瑶山大叶茶、古树茶。

瑶山茶业领头雁——房杰明

✳ 罗穆良　陈海光

在瑶山深处，有一位汉子，显得敦厚而不乏精明，稳重大气而又具备责任担当。他忙碌的身影，时而出现在茶园，查看茶树的长势；时而出现在茶叶产业制作基地，掌控茶产品的质量；时而出现在公司总部，沟通茶产品与市场的对接；时而出现在家乡茶农的家中，帮助他们生产、加工茶产品；时而出现在全国各地的展销会、竞技场，为打开市场而努力拼搏。他仿佛是广阔蓝天中一只健硕的头雁，带领着群雁奋力翱翔。他就是广东杰茗原生态茶业有限责任公司及连南县联杰农业发展有限公司负责人——房杰明。

房杰明，生于1981年10月，瑶族，广东省清远市连南瑶族自治县大麦山镇上洞村人，2016—2020年担任大麦山镇上洞村党组织书记、村委会主任。

在担任村党组织书记、村委会主任期间，作为乡村振兴的"领头雁"，他充分发挥党支部领导核心作用，想群众所想、急群众所急、解群众所困，以乡村振兴为有力抓手，以改善人居环境及精神文化建设为重点，带领村委班子成员，迎难而上、扎实工作，全方位提升村民生活的幸福感。

上洞村十分偏僻，山多田少，资源非常有限。如何破局是一个令人头疼的问题。房杰明发现上洞村、黄莲村的群众，虽然几乎家家户户都种植有茶树，但没有形成规模化、标准化，各家茶产品质量参差不齐，应有的经济效益没有得到体现，浪费了得天独厚的茶资源。2013年始，他就有意识地尝试触摸茶叶的种植、生产与销售的各个环节，为日后从事茶叶事业积累经验。

为了充分利用当地的资源优势，发展茶叶种植与加工，2016年，房杰明自筹资金60多万元，在大麦山镇黄莲村建成一间560平方米的标准化厂房，且配备了一台年可生产10吨茶叶的加工设备。厂房建起后，当务之急是提高茶产品质量。为此，他先后多次外出拜师学习制茶技艺。2017年，房杰明成立广东杰茗原生态茶业有限责任公司。公司以省级冠名，注册资金1250万元，是一家集茶叶研发、种植、加工、技术咨询、茶叶销售于一体的现代化企业。作为广东杰茗原生态茶业有限责任公司负责人，房杰明采取"公司+农户+加工厂"的运营模式，建立黄莲茶叶基地，积极壮大村集体经济，带领周边居民脱贫致富。与此同时，广东杰茗原生态茶业有限责任公司还通过改造300多亩老茶园，种植了160多亩茶叶，并添置了茶叶加工设备，大力做好打造品牌建设等项目建设。

为提高连南县茶叶加工技术，房杰明积极与科研机构对接，于2017年与省农科院茶叶研究所进行技术合作，开展了连南县瑶山茶树种质资源调查与保护，进行了连南大叶茶优良株系筛选与培育。在广东省农科院茶科所孙世利教授科研团队的帮助下，充分利用连南本地茶树资源，开展研制黄茶和探索加工红茶、黄茶、绿茶、白茶新工艺等工作。公司研发的不同花色的产品，口感醇厚，具有独特的清香。以高校和科研院所为依托，广东杰茗原生态茶业有限责任公司茶叶种植加工技术不断进步。

品质与品牌是公司长期的战略目标。公司始终以有机绿色食品的要求进行生产与管理，采用独特的有机种植方法，运用绿色病虫害防

与广东茶叶研究所黎秋华博士学习制作茶叶

控技术等方式进行生态茶园管理,确保茶叶的优质、安全、卫生。公司力求发展当地的特色茶叶资源,依托茶园环境的优势,打造"原生态"的特色和"房杰茗"品牌。公司精心研发了以"连南红杏""连南黄汤"为主的多个特色茶产品。公司设计的"连南黄汤""连南炒绿""连南红杏"和"连南瑶绿"四款包装已申请外观专利,其中"连南黄汤"现已授权。近年来,广东杰茗原生态茶业有限责任公司的茶叶品牌,获得广东省第十三届茶叶质量推选活动红茶类"银奖","蒙顶山杯"第五届中国黄茶斗茶大赛金奖、第四届中国黄茶斗茶大赛银奖,连南瑶族自治县"丰收节"第一届斗茶大赛银奖等多项荣誉。其上乘的质量得到市场的一致认可,不仅增加了广东杰茗原生态茶业有限责任公司茶叶的销售量,还带动了连南的经济发展。特别值得一提的是,房杰明积极参与连南瑶族自治县"连南大叶茶"国家地理标志产品的申报工作。由广东杰茗原生态茶业有限责任公司提供的茶叶产品,经国家权威机构检测,完全符合标准,为"连南大叶茶"成功申报国家地理标志

广州茶博会参展

参加广东第三届茶叶产业大会

产品立下汗马功劳。

　　为充分发挥好广东杰茗原生态茶业有限责任公司这个"火车头"作用，做好示范引领，调动群众积极性、主动性、创造性，打开农民增收致富和茶叶产业发展双赢的新局面。近年来，房杰明利用隔壁黄莲村得天独厚、闻名遐迩的茶资源，以及村民每家每户都有种植茶叶的优势，坚持因地制宜，积极探索绿色发展之路，以打造"一村一品"茶叶专业村为目标，带动农民群众脱贫致富。比如，为提高村民茶叶采摘技能，房杰明以公司之名，组织聘请省农科院的专家实地指导农户采摘茶叶，帮助村民收购采摘的茶叶，公司年生产茶叶3吨多，产值300多万元，每年带动周边农民（贫困户）就业200余人，为黄莲村130户茶农达到人均增收8000元以上的愿景提供了途径。同时，共同促进农民脱贫致富，推进连南瑶族自治县农业茶叶特色产业不断地发展。

　　2022年，房杰明当选连南瑶族自治县第三届农村创业青年联谊会会长。他觉得自己肩上的担子沉甸甸的，时代青年的使命感越来越强烈。

一片神奇的叶子——连南大叶紫芽茶

❋ 陈建业

中国是茶的故乡，茶产业也是农业领域中最具文化底蕴的产业。自盛唐以来，茶更是作为中华民族对外输出文化软实力的重要载体之一。近年来，茶，已成为风靡世界的三大无酒精饮料（茶叶、咖啡、可可）之一。

紫芽茶是世界上稀有的特色茶资源，产量稀少价格昂贵，因原料芽叶呈现紫色、红色或红紫色而得名。早在唐代，陆羽在世界上第一部关于茶的专著《茶经·一之源》中便有记载："阳崖阴林，紫者上，绿者次。"其中"紫者"即紫芽茶，作为最佳茶叶加工原料，获得了茶圣陆羽的称颂。目前紫芽茶主要分布在云南、广东、福建、浙江、湖南等地，但受气候、环境、种植管理方法的影响，优质紫芽茶产量有限，显得更为珍贵。

连南县地处南岭山脉南麓，以浅山、丘陵盆地为主，境内崇山峻岭、溪流回转、林木参天，是种植高山茶的天然宝地。所以，连南瑶民一直有种茶、采茶、制茶的传统，并孕育了当地特有的茶叶品种——连南大叶茶。连南大叶茶是连南瑶族人民特有的经济文化遗产，并于1988年被广东省农作物品种审定委员会认定为省级优良群体品种。

连南大叶茶历史源远流长，原为野生茶，主要分布在海拔600~1500米之间的山涧峪谷。据历史记载，过着游耕生活的过山瑶祖先到达连南后，发现了这种野生大茶树，将大茶树上采摘的茶叶制成青茶饮用，同时将幼茶或种子移植到附近栽种。随着时间的推移和过山瑶瑶民的不断迁移，连南大叶茶也随着瑶民的足迹繁衍到了百里瑶山，逐渐形成一个茶树的群体品种，主要分布在连南县大麦山镇、寨岗镇、三江镇及其周边市县。

清朝末年，连南大叶茶生产已有相当规模，常有茶商设厂，采办贩运至省城，近90%茶叶也销往省城。被世人称为"连南大叶茶"的历史渊源，最早可追溯到20世纪50年代初，广东省茶学家、茶学教育和茶树栽培专家莫强及张博经等专程前往连南县茶区调查，并成功地帮助茶区改制红茶，以其优异品质受到国内外茶商的好评，引起了广东省茶叶界人士的高度重视，正式命名其为"连南大叶种"。

2017年后，连南县特农公司依托广东省茶叶研究所的技术优势，在三江镇金坑村采用科学的品种选育和生态栽培管理技术，以连南大叶野生母本为基础，优中选优，精心种植，悉心管理，打造了具有示范性的坑口标准有机茶园，并取得了良好的生产效益和社会效益。

2020年春，省茶叶研究所操君喜所长、曾斌博士等茶叶专家来到坑口示范茶园开展茶叶科研和技术培训时，惊喜地发现在这片连南大叶茶园里，竟然出现了能生产叶底靛青色紫芽茶的连南大叶茶升级品系。专家们一时为连南适合种茶的水土环境和高山气候所折服。欣喜之余，专家们立即着手指导茶园员工按"一芽二叶"的标准采摘了少量紫芽鲜叶，并在大雾山茶厂亲自动手示范制作紫芽茶。

在茶叶专家手中，用坑口示范茶园连南大叶紫芽茶鲜叶初步试制加工而

连南大叶紫芽茶

成的烘青绿茶，色泽乌绿油润，汤色浅紫红明亮，香气栗香浓郁显花香，滋味浓强。其品质远胜于同等原料及制作工艺的烘青绿茶。大家品尝后都为之倾倒，均盛赞这是一款难得的茶中珍品。

在采茶、制茶、品茶的过程中，省茶叶研究所的专家们向我们介绍了紫芽茶的历史沿革和理性特征：据现代科学研究表明，紫芽茶以其高花青素含量而闻名，是常规茶叶的3~10倍不等。与常规茶叶相比，紫芽茶具有更好的抗氧化、抗突变、抗衰老、预防心脑血管疾病等作用。

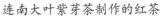

连南大叶紫芽茶制作的红茶

"得天独厚的环境及气候条件、特性优越的连南大叶茶树，在生态栽培管理下能产生紫芽，对打造'健康、生态、文化'的连南大叶茶品牌，促进连南大叶茶高质量发展而言是一个良机。"专家们的诊断，让我们更加充满信心。此行之后，为了加快对连南大叶茶、紫芽茶等优异茶资源的开发利用，省茶叶研究所的专家们又多次前来连南，开展有针对性地种植、管理、制作的科研工作和技术培训活动。

　　"连南大叶产紫芽，百里瑶山出珍茗"的消息不胫而走。在2020年夏、秋茶季，一些知道消息的外地茶商早早地来到连南，在茶园边守着茶青采摘，到茶厂里等着紫芽茶出锅，不怨价高只嫌茶少，甚至想把来年的紫芽茶都垄断认购了。连南大叶紫芽茶——这一片片神奇的叶子，必将为落实乡村振兴战略，带动少数民族地区茶农增收致富，开拓出一片新的天地。

（摘自2020年《记忆·清远茶》）

千年古瑶茶随记

——寻找连南大叶茶真味

❋ 邱茂俊

初识古瑶茶

广东连南瑶族自治县位于粤北山区，有一支全国仅有的"排瑶"。 排瑶先人一直饮用一种"火燎茶"（烟熏茶），是一种在土灶上方的阁楼存放久藏、经转化后才饮用的陈年老茶。大山中的瑶民生活中常备有此茶。此种茶主要两个用途：一是日常煮茶饮之；二是在养生方面用于风寒感冒，熬水加入生盐泡澡辅助治疗，或用于煮青皮鸭蛋入药使用……此茶，暂时取名为"古瑶茶"。其制作工艺与现在的安化黑茶、广西六堡茶、湖南梗梗茶、安徽老六安茶有许多相似之处。

古瑶茶的历史，从资料上显示应该有1600多年。中国茶叶发展史经历了三个大阶段：古散茶时期，秦汉至三国时期均以散茶叶为主；中间为唐代团饼、宋代点茶；明清时期六大茶类基本形成，这个时期属于新散茶时代。连南排瑶的"瑶茶"，为什么被称为"古瑶茶"呢？从历史上论证，"古"韵十足。从汉末三国时期（220—280年）的《吴普本草》引用《桐君录》记载："南方有瓜芦木，亦似茗，至苦涩，取为后茶饮，亦可通夜不眠。"南方指的是益州、荆州、扬州还有交州。而交州，当时指三州之南，相当于现在的广东大部分、广西一部分和越南北部。据连南排瑶地方资料显示，当地瑶民是隋唐时期从湖南道州迁入连南，而种茶的历史有文字记载，是清代康熙年间举人李来章编著的《连阳八排风土记》。瑶族先民在当地"八排"和"二十四冲"居住，形成有山必有瑶、有瑶必有茶的"百里瑶茶"特色群体种大叶茶。目前，经农学院专家考证，涡水镇马头冲古茶园中，500年以上的"茶王树"有3株，300年以上的有200多株。

百里瑶茶现状

按历史划分称之为"古瑶茶"也好，按茶树栽培学、专家定性划分其为"大叶茶"也罢。目前，茶学界比较有代表性的大叶种茶，主要有云南大叶种、海南大叶种和广东连南大叶茶。生长在百里瑶山的连南大叶茶，经过瑶族先民的种植传播，已经完全适应了南岭的生态环境，并形成了地域特色，主要表现为适应高海拔山区气候环境，抗逆性强，抗病虫害能力强。连南大叶茶在内质方面，具有茶氨基酸高、茶多酚高、咖啡因低这种"两高一低"的特点。正是这个特点，为制茶工艺提供了技术参数和工艺依据。

笔者历经三年，奔波于粤、湘、桂三省调研，三省大叶茶均具有共性，只是称谓不同而已。广西叫桂青种，湖南永州江华县叫江华苦茶，广东叫连南大叶茶。按区域划分，均属于岭南产茶区，不以现有行政区域划分。这个观点也得到了广西茶科所国家茶叶体系首席专家韦静峰的认同。粤、湘、桂三省交界处这一产茶带，可以讲是全国古瑶茶最集中的区域，为今后产业发展提供了原料保障。最为难得的是"百里瑶茶金三角"产茶带区域，生长着几十万株野生古茶树。如何利用好这些野生大叶茶，加工出具有瑶族特色的古树茶系列产品，这是当务之急，不能停留在只有红茶、绿茶两种产品上，更应着重于恢复古法生产"古瑶茶"（黑茶类），

挖掘排瑶特色茶品。

经过多年的选育，连南大叶茶群体种培育出大量有性系种苗。目前，正在大面积推广种植，为将来产业发展夯实了一定的基础。从战略布局来看，此举较原来引进外地乌龙茶品种更具有战略眼光，产业意义深远，但要控制一定的规模，不能盲目种植。

为寻找瑶乡连南大叶茶真味，笔者在连南制茶三年有余，走访了全县很多山头，从天堂山山脉大古坳到大雾山山脉内田村，走了十余个区域，用不同的制作工艺成功试制了很多大叶茶类别，初步验证了笔者当年的判断。连南大叶茶是继广西凌云大白毫之后的又一种特殊茶树，即一种茶树可以制作六大茶类的品种，只要工艺得当，无论制作哪一类茶均具有优势。从历年来连南瑶族自治县茶叶企业代表，参加国家级、省级赛事的获奖情况即可印证，仅黄茶（汤）类就连续两届获得国家级斗茶赛金奖。2020年，"蒙顶山杯"第五届中国黄茶斗茶大赛，杰茗原生态茶叶有限公司生产的"房杰茗"牌"连南黄汤"荣获金奖。时隔三年，"北川台子茶杯"第八届中国黄茶斗茶大赛中，由笔者制作的"连南大叶茶"牌（区域公用品牌）黄大茶类，由七道茶（深圳）茶文化有限公司选送参赛，荣获黄大茶类金奖。该参赛黄大茶原料选用涡水镇马头冲老寨村古茶树鲜叶（二春茶青）半手工制作。除开黄茶类，其他成功试制的茶类，每个产品特色明显。如白茶中的白牡丹成品茶，品饮时口感鲜爽，甜润顺滑，花香、毫香显现，汤色

连南大叶茶，一种茶树，适制六大茶类，堪称"茶中玫瑰"

黄绿明亮。绿茶类更有特别之处，烘青工艺制作具有蜜栗香馥郁的特点，炒青工艺制作具有锅巴香浓郁、清爽回甘的特点，具有此类茶香型的绿茶在全国并不多见。连南大叶茶适制性较广，制作乌龙茶兼具有岩茶的花果香，又有单丛的气韵，尤其是马头冲老寨古树茶园的"茶王家族"，暂拟名为"丹桂茶"。该茶树叶似丹桂叶，香气如桂花香，有明显的桂花香、水蜜桃香、石榴香，制成产品后，如茶中香水一般迷人，气韵悠长，沁人心脾，是难得的广东珍品茶树之一。红茶则汤色红黄明亮，花果蜜韵显现，持久耐泡。至于黑茶类更是独树一帜，祛湿是一大亮点，制作出的古瑶茶（黑茶），干茶灰褐泛白霜，口感内质丰富，甜度饱满，醇厚顺滑，汤色红褐明亮，叶底乌亮有弹性。从广西桂青种制作六堡茶就可以佐证，早已名扬海内外。

前景设想

匠人是艰辛的，但每每想起温铁军教授的谆谆教诲，有一句话总在耳边回响："用脚去做学问，你脚下丈量了多少土地，你心中便付出了多少真情。"从事连南大叶茶研制工作多年，随感一直萦绕于心。归纳一下，略以抒怀。

首先，茶界中讲到，茶中香水有广东单丛；若提到茶中"魔术师"，个人认为非连南大叶茶莫属。一是一种茶树适制六大茶类，这可是全国罕见；二是花香蜜韵变化与转化伴随着不同的工艺，就有着不同的体现和变化。

其次，连南大叶茶需要培育产业工匠、行业大师等优秀人才，梳理好瑶茶的文化内涵，如"瑶茶"与"瑶药"的关系、"瑶茶"与"八排二十四冲"的故事。连南大叶茶的特色也与高海拔山峰的优势息息相关，全县境内海拔1000米以上的山峰161座，海拔1300米以上的山峰9座，这些都是茶文化的丰富资源。

再次，茶产业发展方面，不能仅仅把重心放在扩大种植规模和厂房建设等重资产投入层面，建议今后把重心放在产业创新、研发、区域品牌培育、高端人才培育和引进、知识产权保护等方面。

以上为笔者个人浅识，以供大家参考，不足之处，请行家斧正。

久而弥香的知青茶

——寨岗地区知青茶场的追忆

✿ 潘渊祥

缘起

"苦中求乐三杯酒，忙里偷闲一壶茶。"我因对茶的嗜好，退休10多年来，几乎每天都与几位老乡老友饮茶聊天品人生。一天，在聊叙中谈及了寨岗境内的板洞、石径知青林场知识青年种茶之事。恰逢前段时间路遇连南县政协文史和民族宗教委员会主任、《记忆·甘美连南》主编陈海光先生，问我能否写一篇知识青年种茶的文章。回到家里，我翻阅了《连南县志》《连南瑶族自治县林业志》，均无有关知青林场知青种茶的记载。为此，在今年丹桂飘香的金秋十月，我电话咨询了当年板洞知青场的知青李娟英、潘燕飞、毛健梅、梁锦辉、胡可志，石径梅坑知青场的知青张开明、苏万志，走访了板洞林场后任场长祝新文、陈毓良和石径知青场首任场长谢祥的儿子谢火，去寻觅那个年代知青的足迹，追忆那段知青种茶的历史。

从1955年始至1966年，中国曾有过人数不多的小规模知青上山下乡。1967年始，全国停止高考，大批毕业青年等待分配。为减轻城市的就业压力，1968年12月，成千上万的初、高中毕业生离开城镇，奔赴广袤的原野，全国城镇居民家庭中多数与知青上山下乡联系在一起。1968年至1971年，连南已动员选派一批本县知青和接收安置一批外县知青到连南上山下乡。从1973年至1977年，连续5年动员选派连南县应届毕业生知识青年上山下乡，到各公社（今为镇）各大队（今为村）兴办农场、林场、茶场，于1973年6月13日成立了知识青年上山下乡工作领导小组，并设立了办公室，具体负责知识青年上山下乡工作。寨岗境内的板洞、石径知青林场就是在这种特殊的历史环境下，为解决城镇和国营厂矿不能升学和无职业青年就业的问题而兴办起来的。县内城镇、国营厂矿知识青年正当风华正茂时，离开了生活条件相对优越的城镇、工厂，离开了父母，来到了地理位置偏僻、生存环境艰苦的板洞牛塘、石径梅坑，食宿在沟壑山谷。因板洞林场、石径梅坑林场的职工多为知青，人们习惯以知青冠场名，称之为板洞知青场、梅坑知青场。知青们"满腔豪情下农村，广阔天地练红心"，自然有了知青场知青种茶的故事。

魂牵梦绕的板洞知青场

板洞林场为1958年韶关地区（今韶关市）林业局创办，1961年下放给连南县经营。场部设在中牛塘，场部办公室是砖墙土瓦木楼板的二层楼房，历代场长为祝羽庆、罗德球、潘文和、张贵、禤记林、陆向荣、班朝庆、曾卢旺、祝新文，现任场长是陈毓良。知青领队分别是邵德远、王永绍、蒋伯水等，1976年后李娟英为知青负责人（副场长）。据《连南瑶族自治林业志》载，时有经营面积9.35万亩，其中有林面积4.31万亩。1973年至1977年，连南县知青办分别组织5批共224名知青到该场垦地植树造林，其中1973年17人（男9人，女8人）、1974年14人（男9人，女5人）、1975年109人（男47人，女62人）、1976年44人（男25人，女19人）、1977年40人（男21人，女19人），1975年人数最多，达109人。板洞林场知青来自县内党政机关、企事业单位，以及国营明华厂、201医院等国营厂矿。

板洞林场知青聚会合影

板洞林场经营地域主要在上牛塘、中牛塘和下牛塘。自1973年有知青到林场后，职工人数逐年增加。1975年将知青按军队编制组成班、排，实行组织军事化、行动战斗化、生活集体化，全场设3个排，每排设3个班，此外还设林科班、苗圃班、后勤班，还成立了篮球队。知青到林场后，场部认真贯彻"以林为主，多种经营，以短养长，长短结合"的方针，除从事育苗抚育、残次林改造、大面积垦土种杉外，在上牛塘和下牛塘还种植茶叶近700亩，倘若不是知青在1978年回城归厂，还计划扩种至1000多亩。《连南瑶族自治县林业志》载，建场至1987年止，共造林更新面积12863亩，其中用材林11283亩、经济林1580亩。这一串串数字是知青的辛勤汗水浇灌出来的。经济林中的1580亩是由知青种茶叶近700亩所构成。700亩茶叶面积虽小，但是对基本没参加过多少体力劳动、生活依靠父母家人的知青来说，所经受的磨炼从心理到体力都超出了自身的承受能力。此近700亩注入了板洞知青场知青们的沧桑岁月，勾起了原板洞林场知青李娟英、潘燕飞、毛健梅、梁锦辉、胡可志等对林场生活的回忆。

　　知青们第一次到林场，都是由政府部门用汽车途经吊尾村木崀、白水坑文新欢送到达，因从寨岗到板洞林场的公路路程远，知青们回家都是走牛塘经塘凼、铁屎坪、中心岗、老虎冲至回龙鱼冲的山路，耗时要两个多小时。在鱼冲乘坐三江至白芒的班车，还要手提肩挑东西翻山越岭，爬坡过坳，每次回到场部都疲惫至极。知青的宿舍是两层砖瓦结构楼房，女住楼上，男住楼下，因是木板楼棚，隔音甚差，楼上行人走动的脚步声和讲话声楼下都能清晰可闻。在那个年代，人们彼此间没有什么秘密的悄悄话可言，隔音不隔音都无大碍，但夜里楼上知青拉尿倒尿桶的响声却令人难堪，那来回走动的"咚咚"的脚步声，更使人难以入睡。林场知青冲凉房有近10间单间，但只供女知青专用，而男知青只能在北方澡堂般的大冲房洗澡。男知青们冲凉时起初很是羞涩尴尬，久而久之也习以为常了。那个年月，因卫生环境差，癞疮皮肤病常在知青中传染流行。因癞疮喜热怕冷，所以知青们几乎全年，哪怕是寒冷彻骨的冬天也用冷水冲凉，以此来抑制癞疮的传染。板洞是高寒山区，难以种植蔬菜，知青们几乎常年用从外地买回来的萝卜条做菜，有时摘些苦斋婆、煮些豆豉汤，至于猪肉、鸡肉、鱼肉等，一年到头很难吃上几餐。晚上厨房照明用马灯，宿舍用煤

板洞知青场部遗址

现牛塘林场办公楼

油灯。到了1975年，连南瑶族自治县水电局设计、知青投劳投工，兴建了一座装机容量只有26千瓦、皮带传动装的小水电站，到了晚上才发电，虽然电灯光昏暗，但比煤油灯光亮多了。辟地垦土、造林种茶是艰辛的体力活，到了摘茶叶季节，那艰辛更是不能言喻。摘茶择杂、萎凋摊晾、炒叶杀青、揉搓理条等都是细致而烦琐的工序，需付出辛勤的汗水。人在社会中生存，除了物质生活，还需要精神生活。知青们虽然生活苦劳动苦，但是他们苦中求乐，有时组织唱唱歌、奏奏乐、打打球、读读报，还常出黑板报表决心，也其乐融融，真可谓"茶叶种在牛塘山，知青劳作乐心间；到了清明采茶日，唱着歌儿摘茶青"。

板洞林场地处高寒地域，山岭叠峰连绵，山野肥沃，常年云雾缭绕，负离子密集。所产之茶生津、喉润、回甘，一杯茶汤咽下后，给人喉部滋润、清凉、甘甜的舒适感。经知青们艰辛劳作所种的茶叶，如人的生命在遭遇一次次挫折后，才能留下人生的幽香一样，茶叶用沸水一泡，便释放浓郁的香气，持久不断。那时的板洞知青茶多供县内党政机关、企事业单位和国营厂矿办公室饮茶之用，偶尔也作为礼品馈赠于人，较少出售。

1978年10月，全国知识青年上山下乡工作会议决定，停

种茶的下牛塘仍生长着老茶树

止上山下乡运动，板洞林场知青被妥善安置回城就业。1997年始，板洞林场更名为牛塘林场，原知青种茶的上牛塘、下牛塘，已分别筑建了库容为207.7万立方米、47万立方米的水库，分别建有装机容量为1140千瓦、3360千瓦的水电站。知青当年的茶场全被水淹没，在下牛塘处只存活少许茶树，但是知青的足迹永远留在了那曾经洒过青春汗水的青山。连南县机关事务管理局退休的原板洞林场女知青李娟英说："上山下乡是当年知青踏入社会的第一步，大家同生活共命运，有很多共同语言。与人生的其他阶段相比，许多人对这段生活的记忆最为深刻，因而也更加怀念。"为此，她于1995年牵头组织当年板洞林场的知青，回到令人魂牵梦绕的第二故乡——牛塘。带着兄弟姐妹般的情谊，他们举行了首次聚会，尔后又举行了多次，追忆峥嵘的岁月，聊叙别后的思念，畅谈当下的幸福，憧憬夕阳红的美景。现在，李娟英还欲动员板洞知青场的知青建"板洞林场知青纪念亭"，让人们永远铭记那段知青的峥嵘历史。

镂骨铭心的梅坑林场

石径知青场位于石径村松柏洞梅坑，故人们习惯称之为梅坑知青场。1973年至1977年，石径大队共接收由连南瑶族自治县知青办安排的5批国营北江机械厂、九三二地质队、连阳（马安）电厂等单位的知青86名，都安置在石径梅坑垦荒造林，兴办梅坑林场。每一批都安排一名干部做领队。各批领队干部分别是陈亚情、李梅桂、黄来英、刘亚玲和江锡松。其中1973年16人（男14人、女2人），1974年17人（男13人、女4人），1975年27人（男11人、女16人），1976年18人（男19人、女9人），1977年8人（男3人、女5人），除1977年的知青来自连阳（马安）电厂以外，1973年至1976年多数知青均来国营北江机械厂。时任石径大队党支部书记是潘元逢，委派石径大队党支部委员谢祥任场长（后期由松柏洞人潘添喜担任），并安排6位大队

欢送知青到石径　　　　　　　梅坑知青林场首批知青合影

企业职工做知青的辅导老师，谓之"接受贫下中农再教育"。

　　第一批知青到梅坑时，一无所有，选择山坳处较平整的地坪做场址，先搭树皮屋暂住。峻岭叠叠，山路崎岖，生活环境差，这是梅坑林场给第一批知青的第一印象。尔后，场长带领林场的辅导老师和16名知青将地坪拓宽搬平，挖掘山泥制作泥砖，待泥砖晒干定型后，来回走2小时的山路，将建筑材料手提肩挑从山下的松洞运到场部，建起了一座两层泥砖土瓦房的林场办公室和知青宿舍，厨房仍是树皮屋。梅坑林场的知青，不论年纪大小，不论先来后到，都虚心接受"贫下中农再教育"，服从指挥，听从安排，尽最大能力完成各项劳动任务。知青们和生产队的社员一样，用评工分的方式计报酬，一般来说年纪小的和女知青工分较少，少的每天6分，多的每天9分，亦有10分的，到年底每10分可获得几角钱的酬金。知青们天没亮就得起床，辟山烧山，开荒垦土，没有任何机械，用的是世世代代沿用下来的锄头镰刀。他们就是这样用那双从嫩滑到粗糙，最后长出了厚茧的双手，书写着人生华章的第一篇。听张开明说，在梅坑林场生活，常用豆豉汤、菜汤或蒜汤拌番薯，较难吃上肉，物质粮食紧缺，但精神食粮还是有的。他们在"改造"客观世界的同时，主观世界也得到了"改造"，收获了忍耐、包容和坚强，尤其是吃苦耐劳的精神。梅坑林场的86位知青中，有的加入了共青团，有的还加入了中国共产党。石径梅坑林场创办于1973年，由知青所创办，其范围从松柏洞梅坑至中坑阿姆山老寨，有林面积13492亩，其中杉林11492亩，松林2000亩。据统计，从1973年至1977年，86名知青共植树造林6000余亩，每年造林1200亩，平均每人每年造林近14亩。对于从未到过农村，也从未干过农活，生活还不怎么会自理的十五六岁的学生来说，是多么了不起的"丰功伟绩"，彰显了知青们所付出的辛劳与代价！

国营北江机械厂、连阳（马安）电厂等单位下设的车间和科室较多，用茶量甚大。为解决各车间、各科室和石径大队及知青林场饮茶所需的茶叶，知青们在场部右侧和屋后的山坡处开垦荒地，以"打林带"（似梯田）的方式种植茶叶30余亩，故人们也称梅坑林场为梅坑知青茶场。此地位于中坑河

梅坑知青茶场已被掩于竹丛中

流域，群山环绕，山清水秀，方圆都没有污染源，种植茶叶无须施放任何化学肥料。因此处土质肥厚、气候潮湿，故极利于茶树的生长。在知青们的勤奋劳作与精心管理下，茶场1975年便开始有茶叶可采摘，1976年则大面积生产。在采茶季节，林场辅导老师手把手教知青摘茶、炒茶，传授制茶技术，知青们心灵手巧，很快就熟练地掌握了制茶各工序的技术。第一次品尝梅坑知青茶时，茶味刚泡出来，就闻到了浓郁的香味，场长、林场辅导老师和知青们看到碗中的茶汤黄绿透亮，纷纷端起碗中之茶品尝，初入口带有微苦，虽无中坑茶清纯不杂，但细细品味却是满口芳香与甘甜，醇厚回甘，亦可与中坑茶媲美。今住在佛山的梅坑知青场首批知青之一的苏万志说："在第一次品茶时，感觉此茶可赛中国茗茶龙井与乌龙，饮后给人一种心旷神怡的舒适之感。"也许这茶叶是用知青的辛勤汗水凝聚而成，故在分享劳动成果时有特别的感觉吧。从那年起，国营北江机械厂、连阳（马安）电厂等单位，及石径大队和林场场部所需茶叶得到了满足，盛产的年头尚有库存。1977

梅坑知青茶场场部遗址

梅坑知青茶场旧照

年，知青场计划将茶场扩种到100亩以上，然而1978年知青上山下乡运动结束，计划未能实施。

梅坑知青场的知青不仅砍山炼土，开荒垦壤，植树种茶，自己也在山上种番薯，在农忙季节还到松柏洞、石坎等地参加"抢插"和"抢收"的劳动，与当地的农民建立了深厚感情，结下了不解之缘。自1978年离开石径返回单位后，总是思念着风华正茂时曾流淌汗水、挥锄造林的梅坑山冲。知青们分别于2005年10月29日、2016年4月24日带着思念重回石径，每次相聚，场面都是那样令人热泪盈眶。在2016年4月24日的欢迎会上，石径村党支部书记潘金腾代表新老干部和全体村民讲话，他说："你们已步入知天命之年，有的已年过花甲，将近古稀，面已带皱纹，有的头发已白，但是我们说青春不一定属于黑发的人，也未必随着白发而消逝，你们的青春永驻于石径。石径人不会让你们因为青春年华在梅坑度过而后悔，相反会让你们因在沧桑岁月中做出骄人的业绩感到骄傲和自豪。""你们为改变山村的落后面貌做出了贡献，石径永远是你们的家，期盼你们常回家看看。"潘金腾热情洋溢的话语，令知青们感动不已，犹如品味当年梅坑知青茶，一阵阵甘凉滋润了知青们的咽喉，一股股清香沁人心脾，品味着苦尽甘来的如茶般的人生，感觉没白来石径上山下乡。

星移斗转，岁月荏苒，如今梅坑知青茶场的茶山长满了粗状的苗竹，只有寥寥几棵茶树夹生在竹丛中。知青林场场部的房屋早已坍塌为残垣断壁，但是知青们辛勤劳作、奉献青春的画面，与天奋斗、与地奋斗的博大胸怀，以及所表现的其乐无穷的乐观主义精神，永驻于石径人的心中。第二次知青聚会，我受梅坑知青之托拟诗一首，由连南县硬笔协会主席、连南县书法协会副主席、石径籍人谢火书写装裱，由知青们赠予石径村委会张挂于会议室，以表对石径村民的深情厚谊，做永恒的纪念。

当年下乡今日逢，往事历历在目中。
贫下中农再教育，梅坑林场绘彩虹。

青春年华洒汗水，银锄落处化雄风。

沧桑岁月知青史，永载石径情义浓。

结语

1979年知青上山下乡运动结束，至今已近半个世纪。在那个特殊的历史环境下，上山下乡到板洞、石径的知青，在山区沟壑度过了人生中一段特殊的时光，把黄金时代献给了山村造林种茶，失去了接受正规教育的机会。经我电话联系咨询的李娟英、潘燕飞、毛健梅、梁锦辉、胡可志、张开民、苏万志等知青，我都问了他们同一个问题："你们的宝贵青春在山上造林种茶的平凡劳动中度过，后悔吗？"令人难以置信的是，他们都有着相同的感受："风雨历练成就了我们顽强的生存能力和强健的体魄，磨炼出我们特有的坚忍顽强、吃苦耐劳的性格，锻造了我们的平民情怀和务实风格，使我们在日后人生中无论遇到什么困难挫折，只要想起那段在艰难困苦的条件下辟山炼土、造林种茶的岁月，就有一股遇到任何困难都勇于挑战的勇气。我们用青春的付出，在后半生获得了最大的回报，我们哪来的后悔？"是的，知青们在造林种茶的恶劣环境中"苦其心志，劳其筋骨，饿其体肤，空乏其身"，为他们以后的工作和生活打下了坚实的基础，无论求学谋职，还是商海拼搏，都坚毅刚强、自强不息、志存高远，在各自的岗位做出最大的贡献，有的还成为优秀人才，青春无悔！

那年的知青今已花甲古稀，退出工作岗位或淡出社会。人们不会忘记，他们把最美好的青春年华奉献给了板洞、石径那一片片绿色的土地。茶树少了，没了，但那山更青更绿，那水更碧更清，知青茶久而弥香，那浓郁清醇的香味飘溢于板洞、石径，飘得很远很远，持久不断……

白云遮不住　瑶山溢茶香
——记连南县大麦山镇黄莲高山茶叶种植专业合作社理事长赵央妹

❉ 罗穆良　陈海光

　　连南瑶族自治县大麦山镇黄莲村委位于县城西南部，是连南最边远的少数民族乡村之一。村委下辖4个自然村、160多户、600多人。当中的茶地坪自然村，有一位被誉为"和平年代红色娘子军"的领头人——赵央妹。

　　赵央妹，女，瑶族，中共党员，1972年8月2日出生，初中毕业，1992年始外出打工多年。2003年加入中国共产党。2005年5月至2008年5月任大麦山镇黄莲村委会妇女主任，连续3年被评为大麦山镇级优秀共产党员和党务工作先进者，还当选为连南瑶族自治县第十三届人民代表大会代表，2008年6月至2011年3月连选连任大麦山镇黄莲村委会妇女主任，并于2008年6月起被大麦山镇党委任命为大麦山镇黄莲村委会党支部书记。

　　据史籍记载，清朝、民国时期，黄莲村属地出产的茶叶质量上乘，远近闻名。该地属省级板洞自然生态保护区，境内水土和植被保护较好，属黄土壤，pH值在4.5~6之间，气候温和，雨量充沛，常年云雾弥漫，昼夜温差大，十分适宜高山茶叶的生长。黄莲茶叶种植在海拔600米以上的高山。一直以来，黄莲村村民都有种植和加工制作茶叶的传统，生产出来的黄莲高山茶在当地享有较好的声誉，很受市场青睐。20世纪70年代初期，黄莲村的茶叶种植面积曾超过4000亩。改革开放以来，由于市场销路没打开，茶叶质量也没进一步提高，市场价格较低等因素影响，农民的积极性受到打击。到2008年，绝大部分茶叶基地被弃荒。

生于斯长于斯的赵央妹，自幼对传统制茶工艺相当熟悉，曾于2003年始在本地的茶场工作了很长一段时间，对新时期茶的种植、管理、加工等各道工序相当熟悉。她发现，经济大潮起珠江，年轻劳力输出越来越多，而家乡交通不便，留守人员生活跟不上。于是她坐不住了，觉得自己作为一个村委书记，有责任带领乡亲们改善生活。经过慎重思考，她于2009年8月组织祝伍妹等五位村民注册成立了"连南瑶族自治县大麦山黄莲高山茶叶种植专业合作社"，任合作社理事长。合作社主要从事高山茶叶的种植生产、收购加工、统一包装和销售，并给农户提供生产所需的生产资料及生产技术。2010年，合作社自筹资金130万元，并争取到中央财政专项资金10万元的扶持，筹建了一间茶叶加工厂，购置了一套较先进的机械设备，于2011年3月正式投入生产，为农户加工茶叶近10万斤。同时选派有上进心的成员到外地学习制作高档茶叶的技术，进一步提高当地茶叶的质量，增强市场竞争力。

为了做大做强高山茶叶这个支柱产业，取得更好的经济效益，合作社对当地茶叶实行"五个统一"管理模式，即统一技术管理、统一收购、统一加工制作、统一包装、统一销售。这一管理模式，有力提高了产品的数量和质量，销售量和销售价格也不断提高，进一步调动了农民种植茶叶的积极性。2010年，新开发种植了新品种"铁观音"基地300多亩，随后陆续开发出"连南大叶茶"红茶、绿茶两个品种。成熟的加工技术，不断扩

大的生产规模，良好的经济效益，她的茶叶生产基地起到了示范引领作用。到2011年底，全村160多户农民都复耕了原来荒弃的高山茶叶种植地1500多亩。目前全村种茶面积达到2000亩，合作社社员发展到87户，2011年生产10多万斤茶叶，年产值500多万元。合作社的制茶技术日趋成熟，其产品在2019年首届"连南大叶杯"斗茶大赛中红茶、绿茶类均获得银奖，在2020年第二届"连南大叶杯"斗茶大赛中获得绿茶类银奖。

茶叶成为当地村民重要的经济收入产业，很多外出打工的农民尤其是中青年妇女，都纷纷回家种植茶叶了。这种良好的氛围，进一步促进了整个村的和谐，取得了相当好的社会效益，整个黄莲村正迈步走向富裕、和谐的幸福生活。而赵央妹，面对着白云青山，和那缕缕沁人心脾的茶香，也舒展开了眉头，露出舒心的微笑。

诗文荟萃

SHIWEN HUICUI

品 茗（三首）

❋ 刘庆辉

铁观音

你带着远方的风光
一路风尘来到我的家乡

浓香
清香
香气袭人
浓而不浊
清而不淡
几杯下肚
茶客诗词不绝
敬酒般频频举杯

一天到晚
一年四季
我都以各种方式亲近你
如亲近亲密爱人

茫茫茶海

我们得以相知

除了缘分

更因你的气质

总是让我

荡气回肠

龙　井

天生丽质

令所有的茶具黯然失色

初次结识龙井

缘于许多年前

我初次结识一位远方茶客

他透明的茶瓶

那片片传神的龙井茶叶

停泊在水的中心地带

静悄悄地起舞中绽放

向所有渴望的目光

展示她青春活力的身姿

既不浮出水面张扬

也不安躺水底沉睡

总以一种别样的风格

洒脱地面对人生

而那清澈明亮的色泽
诱人的芬芳
早已令人陶醉

这就是龙井
令人仰望不止
回味无穷的龙井

瑶山茶

平静的生长没有喧嚣
只有风风雨雨的歌唱
瑶山茶
瑶山一脉相传的绿色
绿了一代又一代

一杯瑶山茶
绽放瑶山的风光
三月三的情歌
十月十六的长鼓舞
随叶片热烈地张开

远方的客人
喝杯瑶山茶吧
百里瑶山
从此绿在你的心头

瑶山茶韵

✳ 赵翔辉

深山里的南方，在冬日，执意地渲染纯粹的白。从南雄到勐腊，连绵的山势，都是酒水洒落的原色。那隐隐的暗绿在石丛中休憩，不露声响，有如吊脚楼里的女子，伴着老爹，静静地煮一壶雪水。那绿终会醒起，就像少年明眸的映像，充满着门外深远的风光。站在高处，我冻伤的双耳已然飘过回旋的歌谣，还有那些长鼓的敲响，在南岭的深处恣意张扬。

最揪心的是，秋天那双无眠的眼。许多心事，从心底浮泛，横亘千年。白露为霜？那一圈草饼，在中国南方最南的深山里沉睡，睁眼的清晨，华发满天。面朝辰溪以北，喊一声"翁泰"①，却找不着来时的路，唯有两行泪水，淌着先人打嗝的清香。断裂的深层，也是一种铺垫？我已听见，你十指舞蹈，那些瓷器的脆响。索性吹一出"梅花曲"②，细看山越的后人，她的心境有多深有多远，还有那片翠绿终日依恋的阳光。

生如夏花，那是瑶家妇人的经典。在绿色连绵的群山，始祖的魂灵依着丝线，或是粗放，或是婉约，甚至忧伤地流淌。而我偏爱独处，于庭院一角，和着夏日的阳光，品一杯青绿或是深红，让自己的思绪随意飞扬……

---

① "翁泰"是瑶语对"太公"的称呼，是先祖之意。
② "梅花曲"是瑶族盘王大歌七任曲之一。

　　瑶家春早，那是祖传的遗产。和风细雨之后，南岭的每一座高峰，除了袅袅的炊烟，都在绽放多彩的霞光；写意的晨间，人们的双眼都在品赏。品一杯新绿，赏一碗暗红，然后纵情想象，我们的先人们如何漂洋过海，梦一样地流动在南方以南的山岗……

品茗随笔

✳ 黄歧赞

品茗，是一种深含民俗文化底蕴的艺术，一种古老的源自民间的高级享受。

溶溶月色，亲朋好友团团围坐，天南地北，海阔天空。此际，一盏浓酽的工夫茶便会使聚会平添更多的兴致。苏辙诗曰："闽中茶品天下事，倾身事茶不知劳。"一天的苦累，人生的烦恼，都随着一缕缕馥郁的茶香而烟消云散。在天寒地冻的冬季，茶更能驱寒祛邪、强身健体，有诗为证："寒夜客来茶当酒。"轻轻端起细腻润泽的白瓷小杯，闭上眼，一缕缕浓郁的茶香扑鼻而至，沁人心脾，不禁醉了。轻轻啜上小小的一口，立即喉舌生津，清苦之余那种似有若无的甘甜会让你玩味再三。甜吧？不是；苦吗？也不对。馥郁清醇，正应了那句"苦尽甘来"的俗语。我想，生活又何尝不如此，没有苦哪儿来的甜啊！没有昨日创业的艰辛，又怎会有今天的幸福美满呢？

中国茶道，算得上真正的国粹。据考证，我们祖先早在几千年前就懂得制茶。饮茶之风盛于唐宋，流传久远，以至于后来人们宁可一日无饭，不可一刻无茶了。被尊为"茶圣"的陆羽著的专论茶事的《茶经》，被译为英、日、韩、意等多国文字，流芳百世，成为中国茶文化的扛鼎之作。

广东省茶叶历史悠久，是《茶经》记载的中国八大茶叶产地之一。我的家乡连南瑶族自治县就是著名的茶乡，盛产高山绿茶、红茶、黄茶、白茶，品种众多，品质优良，多次在国家茶叶评比中斩获金银奖，蜚声海内外。

连南地处粤北高寒山区，境内的起微山山脉从大雾山到天堂山，许多山峰海拔均超过一千米。群山环抱，层峦叠嶂，云飞雾缭，流泉飞瀑，山高林幽，水质甘美。这里每年有四五个月的寒冷期，即使炎炎夏日，阳光也难以直接照射到茶叶上，所以茶叶生长期长，茶味醇厚，用清冽甘美的山泉水一泡，幽香沁肺，回味无穷。

连南高山茶大多生长于海拔600~1500米之间的山涧峪谷，抗寒耐旱，是优质的茶叶品种。按区域分主要有高界茶、黄莲茶、大雾山茶等。黄莲茶是连南黄莲、板洞一带的大叶茶品种，是一种稀有珍贵的茶种。茶树高大遒劲、叶形宽大、肉质厚实，用其叶制作的绿茶香浓郁、味清爽、色金黄；红茶则香清纯、色红润、味醇和。在明清时就被作为贡品进贡朝廷，近年来名声更盛，被人誉为可与享誉国际的锡兰茶相媲美，远销海内外。

我工作过的连南县金坑大龙村，则以海拔1659米的大雾山产的高山茶尤为著名。它色深、味正、气清。绿茶绿莹莹纯如碧玉，清可见底；红茶则红似葡萄酒，衬着雪白的茶具，玫瑰般艳丽。看一眼，嗅一嗅，啜一口，顷刻让你有一种回归大自然怀抱优哉游哉的感受。我的学生曾送我一袋绿茶，堪称极品。还没打开包装，就能嗅到一阵阵扑鼻馨香，经久不散。茶叶选择的是清明前的鲜嫩叶芽，黑亮泛绿的表面隆起一串串极细极小的白泡泡，像微微爆开的润泽细腻的小珍珠，又像黑土地上蒙了一层雪白的薄薄的霜，更像极了小女孩雪白的肌肤，让人不禁暗生怜爱之心。这样的极品可遇不可求，天时地利人和缺一不可。不仅需要最佳的材料，还要有极高超的炒茶技艺，手势、力度、火候均需恰到好处，炉火纯青，否则很难炒出如雪的茶霜。在烧开的山泉水中放入一小撮茶叶，一片片绿绿的嫩芽缓缓地舒展开来，宛如婴儿润泽细嫩的手指，在清可见底的泉水中悠然划动，泳姿可爱至极。

背井离乡久别亲人的游子，溶溶月下，品着家乡茶，泪眼蒙眬中，便有故乡、亲人，山峦河川，便有一幅幅眷恋图联袂而来。不知是茶，是泪；也不知是苦涩，是甘甜。只有一支山歌在天地间久久回荡……

我小叔叔是早年的大学生，北京大学工程系毕业后就到了内蒙古草原。虽然那里有赏不尽的旖旎风光，有听不厌的牧歌婉转，还有品不完的风味小吃，喝不够的醉人的奶酒、奶茶，可是小叔叔怎能不眷恋亲人，不思念故乡呢？于是，家乡茶就成了他珍藏的奢侈品，轻易不肯示人。记得每到清明时节，奶奶都要用亲手绣的荷包，装上最好的茶叶，寄给小儿子。我那时候还小，不懂奶奶为何总不愿假手于人，总是那么细心，不厌其烦。后来奶奶80岁高龄了，仍坚持清明节前上山采茶，然后连夜炮制好，珍藏起来。那是奶奶的宝贝，无论谁都碰不得。清明谷雨时节的茶叶是一年之中最好的，纤细的叶尖长着一层柔柔的绒毛，鹅黄嫩绿的叶面脉络清晰可见，浸润着雨露的清醇，散发出幽幽的清香。采回来必须立即炮制，味道才最佳。用文火轻轻地炒，慢慢地煨，煨至茶叶表面隆起一层鸡皮似的白霜，一片片卷起来像一只只雪白的小虫草。馥郁的香气弥漫整座房子，香飘四野。临终前，奶奶仍絮絮叨叨地叮嘱我们，一定别忘了每年替她给我小叔叔寄茶叶。后来，我也离开了家乡，怀了思乡病，才真正了解奶奶的情怀。每到难遣思乡之苦时，泡一壶家乡茶，细细品，慢慢赏，胸间郁闷也就随着茶香飘散。是呀，品茗是一种真正的艺术，对于异国他乡的游子来说，品茗，该是多么亲切多么温馨的享受啊！

连南大叶（二首）

✳ 刘庆辉

近期，连南瑶族自治县大麦山镇举办首届采茶节。连南大叶当中的黄莲茶、古树茶备受关注。

黄莲茶

与良药苦口的黄连
一字之差
植物密码或许天壤之别
长于深山的黄莲茶
令茶商慕名而来

采茶时节
茶农如赴盛宴
一芽一叶采摘喜悦
杀青　揉捻　炒干
一丝不苟
技巧　力度　火候
恰到好处

每道工序
黄莲茶不停变换
精湛的舞姿
慢慢收拢青春
化身为众目期待的茶品

而一壶水
让黄莲茶的青春
重新绽放
色　香　味　形
令所有的茶客
仿如春的洗礼

古树茶

在斗茶大赛中
屡屡脱颖而出
连南大叶茶的家族
个个身手不凡

在诗和远方的瑶山
连南大叶古树茶
风采依旧
数世纪倾听高山流水
一辈子被鸟语花香
阳光雨露簇拥和云雾缠绕

叶片羞答答地伸展
受宠若惊地倒伏在采茶女的掌心
开启新的旅程

古树茶拥有的
高度和品质
引来无数人的仰望和惊叹
片片叶子
依次盛开瑶山的风光

而在杯茶中
古树茶的前世今生
让人回味无穷

新茶古韵（三首）

❋ 清华大学乡村振兴工作站赴广东连南支队

清明采茶

芳菲四月　烟雨瑶乡

数日不停的细雨

遮不了桃红叶绿的春色

漫山遍野的云雾

笼不住清新恬淡的茶香

经验丰富的老茶农们

顺时而作　结伴而行

涉川渡水　翻山越岭

一人一篓　且行且停

每摘每捻　尽显匠心

鲜翠的叶吮吸饱了

瑶山的雾　清明的雨

揉茶的石磨绽放出

漫山的青　遍野的香

红炉文火　抚慰了水灵的鲜叶

烟云缥缈　茶韵悠然
白盏清泉　复活了生长的光阴
甘泉微沸　氤氲栗香

踏尽千山寻茗处　一盏浓情泡尽愁
枕山石侧　听瑶歌声
一壶大叶
忆太白饮马　瑶家先祖开山育民
万亩茶园
看日月新天　人民丰裕欢庆余年

古茶树

在山头孑立的
是古茶树，也是
八百年的光阴流转
八百年的高山云雾
八百年的日光月华

那是无数次的日出与日落
太阳从新叶的顶端升起，尔后又沉下去
在大地之上，茶树是那样的年迈
而它的孩子却又那样年轻
每一片被泡开的叶子
都是这片大地上无尽岁月的剪影
亦是这岁月迎来新生的证明

每一盏茶都是一片海

由苦与回甘所组成的海

由时间所组成的海

由世间万物所组成的海

在这海中，我们与茶叶一起浮沉

恰如从深处跃向浪尖的飞鱼

达亦不足贵　穷亦不足悲

饮罢一杯茶　就好像走过了一次人生

新茶古韵

白马现云端，仙人挥指弹；

欲引天上泉，溉养林中叶；

淙淙复潺潺，绿意生田间；

绿意满山野，白马饮河涧；

葱葱复杉杉，馥郁迎芽尖；

村民见绿野，嚷嚷复喧喧；

捧叶相顾盼，闻香复生欢；

仙人悄入梦，言此点迷津；

连南有深山，山谷生叶茶；

敷可治奇病，饮后有回甘；

幽谷遗芳远，茶香代代传。

（作者为清华大学乡村振兴工作站赴广东连南支队队员苏方怡、刘璞等）

飘香黄莲茶

❋ 罗证治

一、引子

粤北连南县百里瑶山拥有四大名茶：高界茶、黄莲茶、天堂茶、大龙茶。1959年，在广州举办的中国出口商品展览会上，黄莲茶被列为出口商品，备受中外客商赞誉。英国商人购买了黄莲茶，并在伦敦展出，深受当时英国女王喜爱。

二、又吵架了

当月亮从东面山顶升起之时，人们已经吃过晚饭了。瑶民建房子有个习惯，就是喜欢建在山坡上，面对太阳而居。吃过晚饭后的瑶民们有的在家看电视，有的掇张凳子坐在门前的地坪纳凉，还有的跑到村子里的小卖部"开台"（打麻将）。这里，俨然五柳先生笔下的"世外桃源"。

突然，一阵"乒乒乓乓"的打砸声，夹杂吵架声击破了平静的氛围。那些坐在自家门口休闲的人们，不由自主地往村子西边一侧的赵明生家望去："唉，那两公婆又吵架了。"以前，很少听到赵明生两口子吵架的，但近年来，特别是在赵明生父亲病死后，这两公婆的吵架声就频频传出来了，有时音量特别大，几乎整个村寨都听得见。他老婆祝少芬以前文文静静的，现在怎么变得像泼妇一样，动不动就跟老公吵架呢？夫妻间的争吵，一般不外乎财与情。没钱，吵架；情变，吵架。只要这两样东西发生变化，任你所谓的模范夫妻，也不堪一击。唉，人，是会变的！人心难测啊！

"穷死烂命了，还去赌！"是女人的声音。

……

"砰！"不知是他还是她摔破了东西。听到响声的人们心头又一阵颤抖。

"我要离婚！！！"这句分明是女人扯破喉咙嚷的。

三、驻村书记

罗梓民被委派到黄莲村任驻村书记，他，40来岁，中等身材，谢顶，肚子稍微发福。进驻村子以来，他已陆续帮扶、指导好几户村民如何脱贫致富。人们发现他原本秃顶的头，如今更秃了，那片"地中海"面积逐渐扩大，头发也呈现黑转白了。当教师的老婆心疼他，劝他别那么拼命，脱贫攻坚不是说脱就脱的，受很多因素的制约。他说，我们连南不能拖全国的后腿，我自己也不能拖连南的后腿，压力大，没办法不拼命啊。

唉，劝不听，由他去吧。老婆这样说。

罗梓民今天要到赵明生家走一趟。

他了解赵明生家的情况，他家不是贫困户，早几年已经脱贫了。去年赵明佳的父亲生病，花了不少钱，结果钱是花了，但人没治好。老人走后，他两公婆开始有争拗了，并有公开化的势头，闹到要离婚的地步。有人猜，可能是老婆祝少芬有外遇了，但没有迹象显示她出轨。一个女人家，整天待在家里，不与别的男人过密交往，无理由啊。"会不会因病返贫呢？"罗梓民有这样的想法。

正好，赵明生两公婆在家。罗梓民来黄莲村近两年了，跟当地瑶民也熟悉了。当地人都尊称他为"罗书记"，平常见到他，都会主动邀请他到自己家做客，有时自家宰猪，也请他来喝碗酒。一般情况下，他是婉拒的，有时盛情难却，才不得不接受邀请。

"罗书记，请喝茶。"赵明生把罗梓民叫到厅屋的沙发凳坐下，递上茶水。罗梓民喝了口茶，赞道："这茶不错！"然后，他看了看坐在身边的夫妻俩，问道："我听说你们俩吵架了，是什么事情引起的？"

赵明生低下头，不好意思。妻子祝少芬则抢着说："罗书记，您说，家都没钱了，他还去赌钱，您说我生不生气？"

"哦？这样啊？"罗梓民故作惊讶，然后向着赵明生，"家里有困难吗？尽管跟我说吧。"

"当然有困难啦！"还是妻子抢先回答，"他爸治病花了十几万，借了亲戚朋友七八万。还了一些，现在仍欠人家5万。"

"哦，原来这么回事。为什么不早说？"

"他都死要面子。眼下大儿子又要读技校，报名费和生活费加起来也要七八千，这笔钱不知去哪里借？"

"哦。明生兄弟，我这次来，就是帮你解决问题的。"

"怎么解决？"赵明生两公婆同时问。

"种茶树。"罗梓民答道，"种我们的黄莲茶！"

四、成立合作互助组

黄莲村处于粤北连南瑶族自治县大麦山镇最南端，与粤西的怀集县接壤。这里群山起伏，有大面积的山地丘陵，大部分地区海拔300~600米；这里山清水秀，气候温暖湿润，雾多露重，无污染物。

黄莲茶是黄莲村一带的大叶茶品种，分绿茶和红茶两种。罗梓民深谙黄

莲茶的悠久历史和荣耀，他到村民们家里座谈时，总会谈及黄莲茶如何有名，连英国女王都喝过黄莲茶，多自豪啊！他想让村民们主攻种茶，脱贫致富。

前几年，有一个本县的汉族老板在黄莲村开办了一间茶叶公司，生意红火，据说赚了不少钱。罗梓民认识这个老板，平时有来往，交情颇深。几天前，他特意请老板吃饭。酒席间，他把自己的想法跟老板讲，对方的意见是没问题。罗梓民的想法是，自己负责组织村民种茶树，茶叶由茶叶公司负责收购，价钱合理公道即可。没想到项目意向一谈即成，当晚两人喝得痛快淋漓。

既然老板没意见，何不趁热打铁？于是，罗梓民找来赵明生等四五户人家，开个会，把种茶树的项目计划告诉他们。

这几户都是本村经济困难户，家里没人外出打工赚钱，守在村里，靠种几分田地加上山上少量的茶树过生活。挨苦日子挨怕了，谁不想过好日子。于是，大家纷纷响应罗书记的号召，同意成立合作互助组，一起种茶树，共同脱贫致富。

眼下接近秋季，正是种植茶树的时节。罗梓民率领合作互助组的成员开垦茶园，忙得不亦乐乎。

诗文荟萃　　　　115

五、种茶树

2016年11月底。

天色蒙蒙。

赵明生两公婆起了个大早。赵明生看到老婆披头散发、睡眼惺忪，大大地打个哈欠，他内心泛起愧疚："你累，干脆今早就不去了。"

"累什么累？大家都是这样干。你累不去，他累也不去，那活谁干？今天要种茶苗了，怎么能不去呢？没事。"

"唉，是我连累你，害得你吃这么多苦。我……"

"别说了，都什么年月了。"

"那……以后别再跟我闹离婚了，我会好好赚钱的。"

"好了，出门吧。"祝少芬打断老公的话，带着农具，与老公一块儿出门了。

茶园就在村子背后的山岭上。百来亩的茶地，被修整得层层行行。罗梓民早就站在那间临时搭建的木棚门口，等着合作互助组人员的到来。

当最后一个社员朱福旺到达，罗梓民告诉大家栽种方法、注意事项。然后，大家分领茶苗，开始分散人马种植。

其实，当地瑶民（过山瑶）一直有种茶的传统，卖茶叶也是他们谋生的方式之一。只是散种居多，无规模，产量低，没有充分挖掘茶叶的经济价值。

罗梓民巡视种茶苗，检查坑槽的深度、宽度是否合格，茶苗的栽种深度是否得当，行距是否合理……

"罗书记，你放心吧，我们家都种茶树，都知道怎么种的。"朱福旺喜欢讲话，想打破沉默的场面。

"罗书记，你别听他的，他做事总是偷工减料，重点检查他。"一个高瘦的男人故意撩朱福旺。

"你个瘦猴！我怎么偷工减料？你过来看看！来呀！"朱福旺好像被人说中痛处，急了。

"阿旺，千万别偷工减料啊。没种好茶树，收成少了，到时瘦猴娶不到老婆，肯定要怨你啊！"离朱福旺不远的穿迷彩服的男子也撩朱福旺。

"瘦猴"真名叫赵明祥，是赵明生的同族兄弟，因长得高瘦而得名。他原本有个老婆，后嫌他穷，趁着外出打工，跟人跑了，扔下他和三四岁的儿子。他为人乐观，认为老婆走人，是自己没有本事，是自己的错，不怪她。单身生活，已好些年头了。

"这样的啊！那我每个坑多加几棵苗子，一撮一撮地种，免得到时产量不高，赚少了钱，影响瘦猴娶不到老婆，要找我算账。"朱福旺故意朝罗书记喊，"书记，行不？"

"哈哈哈……"山坡上发出一阵笑声，罗书记也被逗笑了。

祝少芬和另外一个妇女合作，一人扶茶苗，一人推泥土填埋，专心种植。男人们讲笑话，也引得她们发笑。

"你们呀，八字没一撇！现在才刚刚种树苗，就想着赚到钱娶老婆了，真会做白日梦！"祝少芬忍不住笑，站起来插话。

"少芬嫂子，有梦是好事啊，有梦就有追求嘛。"罗梓民从一个高坎跳下，走近"瘦猴"赵明祥旁，"明祥老弟有梦是好事啊，种好这批茶树，一定能娶个老婆回来，像少芬嫂这样漂亮的老婆回来！"

"哈哈哈……"大家又一阵笑声。

"那当然啦！我姐是村里数一数二的大美人。"祝德龙做累了，掏出烟包，抽了起来。他是祝少芬的同族兄弟，也到而立之年了，没成家。也是因为家穷，姑娘不愿嫁。

"大家看，明生哥美得不吭声了！"朱福旺转而撩赵明生。

没错，赵明生心里是美滋滋的，自己娶了本村的美女，生了两个儿子，够幸福了。只是如今经济困难，压力大。

他听到有人赞自己的老婆，便朝她所在的方向望，刚好她也向自己这边望，于是两人露出会意的微笑。

"嘿嘿！大家先收工吧，回家吃了饭才来！收工啰！"罗梓民掏出手机，看看时间。

六、书记住院了

时间飞快，一眨眼的工夫，一年就过去了。

茶园的茶树长成连片了。层层的茶树，满眼的青翠。

按经验，茶苗长到20~30厘米时，对茶苗进行第一次定型修剪；茶苗高达35~40厘米时，进行第二次定型修剪；茶树生长成熟后，还得对茶树进行轻修剪和深修剪。

如今，合作互助组的人员正在给茶树做定型修剪。

"怎么没见罗书记？"朱福旺问在上层修剪的"瘦猴"。

"是呀，不见他呀？我也不知道啊。""瘦猴"没停下手中的活儿。

"是不是去县里开会？人家可是局里的副局长，挺忙的。"有人应了一句。

"不对呀，以往如果去开会，都跟我们交代的，这次什么招呼也没打。"赵明生起疑惑。

"是呀，两天没见他了。"不知谁说的。

"打个电话问问村主任不就知道了？"祝少芬提醒大家。

赵明生有村主任的手机号码。他拨通村主任的手机，谨慎地说："叔呀，问您个事，就是罗书记……什么？病了……还住院了。哦……在哪个医院？哦哦，人民医院。好的，知道了，谢谢叔啊。"那边挂掉了，赵明生还看着手机。

"罗书记生病啦？"

"罗书记住院啦？"

"哎呀，这可怎么办啊。"

……

大家放下活儿，围近赵明生，脸色阴沉下来，商议对策。

翌日清早，赵明生两公婆在镇中巴站坐上了去往县城的班车，40余千米的路程，近一个小时到达县城。

县人民医院很多人，来治病的、陪病人的、来探望病人的，络绎不绝。这个场景，赵明生两公婆并不陌生。早些年，赵明生的父亲得了重病，就在这间医院住院治疗，他俩亲历过这种场面。

他们几经询问，找到了罗书记的病房。同病房的还有另外一个人。

罗梓民躺在病床上打点滴，脸色苍白。星期六，妻子曾老师不用上课，所以有空来陪丈夫。她替丈夫把赵明生两公婆叫了进来。

"罗书记，听说您病了，我们来看看您。"祝少芬比老公的嘴会说话，胆子大些。

"我没什么大事，只是胃有点小毛病。"罗梓民轻轻挪动身子，微微笑了笑。

"都已经住院了，还说小毛病？骗不了我们。"祝少芬不信。

"他呀，就是逞强。胃溃疡，痛得他难受，冒虚汗，呕吐。医生说，再不治疗，就会成胃癌了。"曾老师向两位来客埋怨丈夫。

罗梓民向赵明生两公婆询问茶树的长势，又给他们说修剪茶树时需要注意哪些事项。

临别时，祝少芬从挎包拿出一沓钱，递给曾老师："去年我大儿子读技校，罗书记给了我们8000块钱。如今书记住院治病，需要钱。"

"停停停。我说赵明生兄弟，你哪来的钱？"罗梓民叫停赵明生夫妇。

"罗书记，我们除了种茶树，还种了一些谷米，养了一些鸡鸭，还有一口鱼塘。这些，您是知道的。"赵明生向书记汇报情况。

"你欠别人的那些债呢？"

"还了一部分。"

"你把这些钱先还别人吧。我这不急，有医保，自己只出小部分。"罗书记故作轻松说。

曾老师顺势把钱塞回给祝少芬："让小孩认真读好书，学有技能，出来找份好工作，过上好日子。"

"是呀，像我们这样，没读好书，所以贫困。我教育孩子一定要像罗书记那样学到文化知识，有本领，一辈子就不会贫穷了。"祝少芬不好意思地接过钱包，颇有感慨。

七、抗击疫情

这片茶园，连着几个山坡，已经长得绿油油了。

今年比去年的茶叶更多，更浓密，大家估算，不到2020年底，应该就能彻底摘掉贫困户的帽子了。那几个年轻人喜得情不自禁欢呼雀跃。

大家忙着摘茶叶，忙着往茶叶公司运送茶叶。

大家准备过个快乐的春节。

有消息传出：武汉发现新冠病毒，死了人。

再传来消息：这种病毒会人传人，无特效药医治。

又再传消息：全国封城！外出要戴口罩！

不知是哪个地方先搞起来的：封村！春节期间竟然不准外人进入本村，本村人外出行走也要戴口罩。据说，这次新冠病毒比2003年的"非典"还要可怕。

人们尽量待在家里，不聚集，不聚餐，不串门……

于是黄莲村合作互助组的采摘茶叶被迫停止了。

罗梓民一急，人们发现他头上的"地中海"面积又扩大了，"海岸线"

几乎消失，跟"沙漠"连成一片。

等不及了，得想法子解决问题。他戴上口罩，从县城赶回村子，看望茶园，看望互助组的村民。

他的回归，给大家伙增添了力量。有了主心骨，就有了战胜一切困难的信心。

他召集几个骨干分子，开个短会。

"因新冠肺炎的影响，茶叶公司的生意不好做，所以无法全额收购我们的茶叶。"罗梓民下意识地摸摸自己的光头，"我有个想法，我们把烘焙好的茶叶做成袋装，定好价钱，把它发到朋友圈，还可以叫朋友转发，打开销路。"

不久，罗梓民买来直播设备。他让祝少芬穿上过山瑶服装，化上妆，活脱脱美女一个！他写好稿子教她念：

"黄莲茶，连南瑶山名茶。朝饮云雾吸甘露，日吸阳光沐清风。黄莲茶具有清香、浓郁、甘辛、浑厚等特点，喝正宗的黄莲茶，做有品位的人。"

意想不到，茶叶销量大增，合作互助组的每个人都心花怒放。

八、喝"瘦猴"的喜酒

2020年国庆和中秋刚好同一天。

当天，"瘦猴"赵明祥第二次结婚了。喜宴设在家里。婚礼按过山瑶的风俗进行，新郎新娘着过山瑶盛装，迎宾队敲锣打鼓，唢呐竹笙吹响，鞭炮声不断……

罗梓民书记带领合作互助组的大队人马应邀赴宴。

"瘦猴……不不，明祥哥，恭喜恭喜啊！"朱福旺走在最前面，离着十几米远就喊话了。

赵明祥和新娘见罗书记来了，迎上去。

"恭喜你啊！祝你们白头到老，早生贵子啊！"罗书记分别跟新郎新娘握手道喜。

"罗书记，我还是要谢谢您。要不是您带我们种茶树，赚到钱，过好日子，哪有我今天的婚礼呀！"赵明祥感激道。

"明祥哥，你也要谢谢我啊，当年种茶苗时，我没偷工减料吧。如果我偷工减料的话，你会有今天这个……"朱福旺又来插话。大家想起当时的情景，不由哈哈大笑。

赵明生和老婆祝少芬是赵明祥的主家人，招呼大家快进门："都进门吧，已经泡好黄莲茶了。"

"走，品品我们自己种的黄莲茶，脱贫致富茶！"罗书记向大家招招手，大步迈进屋内。

这时，唢呐和竹笙再次吹响，鞭炮声震耳欲聋……

山楂叶茶杂记

✳ 刘庆辉

在我的记忆中，接触最多的茶是山楂叶茶。这种既原生态又无比实惠的茶，是老百姓人家常备之物。

记得20世纪70年代中期，我还是七八岁小孩子的时候，就开始帮助家里做家务，其中一项既简单又重要的任务就是"煮茶"。将水用柴火烧开泡茶，但不是现在这种用精致茶具泡高品位的工夫茶，那时温饱问题还遥遥无期，哪有这种条件和闲情。长辈为了让我们容易区分茶叶，将绿茶称为细茶。细茶我们平时较少泡，因为每年采摘不多，主要贮藏起来做老茶，以备药用所需。比如陈年绿茶可预防牙龈肿痛，也可祛风治重感冒，此乃民间秘方。谁家孩子患重感冒，家人便找些老茶煮鸡蛋，然后将蛋壳剥掉，取出蛋黄，在热得烫手的蛋白里面置一枚银戒指，用小手帕包住后在患者的肚子、胸部、脖子上一遍一遍地烫擦，再用姜煮的热水冲凉，患者一觉醒来便恢复如常。我们小孩子紧贴在大人的身边，眼睛里充满着渴望，其实是想吃那个滋味无穷的蛋黄。

那时我家方圆几十里的农村人家泡的茶，绝大部分是山楂叶茶。就是将山楂树的叶片洗干净，视水量放几片（不宜过多，多了茶会有涩味）入手提式、带出水嘴、圆柱体形的大陶瓷茶壶（容量在10斤以上），然后将烧开的水用木勺一勺一勺小心翼翼地倒入茶壶，直至盛满为止。待开水慢慢由滚烫凉成可入口的温度时，山楂叶茶甘醇的味道也出来了，茶色淡金黄，很像红茶。酷夏时节，长辈在农田干活回来，放下农具，洗净手脚，第一件事就是拿出碗，将茶壶的茶倒满碗，一口气喝完，然后再倒一碗放在桌上，才坐下来休息。那时条件所限，没有专门用来喝茶的茶杯，更没有专用杯，喝茶与吃饭用的一样都是大碗。

夏季农忙时节，长辈叮嘱我们在家的小孩子，要让大茶壶经常保持有山楂叶茶，待长辈干活回来，随时有足够、可口的山楂叶茶解渴。家里人多，茶水消耗很大。于是，我们小孩子也开动脑筋：家里有两个大茶壶，我们把剩余的茶倒在其中一个茶壶里，刚煮的倒入另一个茶壶中，两个大茶壶循环使用。煮水的煲如果有盛不完的开水，再洗两三片山楂叶放进去。这样既保证供应充足，又有不烫的山楂叶茶喝。

农村人虽然对喝茶要求不高，能解渴即可，但对煮水的器具还是有要求的。那时农村无家用电器，炊具也很少，普通的家庭还是想方设法把煮菜、煮饭、煮水的器具区分开，非特殊情况不会混合使用。也就是说，用锅煮菜，用云鼎熬粥煮饭，用铝煲煮水。如果用煮过菜的锅煮水泡茶，会有一种腻味影响茶香；生铁做的云鼎较厚，如果用来煮水有点浪费柴火。其实云鼎煮饭很香，长辈教我们，先用中等程度的武火煮沸，然后撤至微弱的文火，待饭气直飘时，再把所有的明火撤了，只留下炭火，过10多分钟，香喷喷的米饭便在眼前。当然，云鼎更多的时候用来熬粥，饭一个星期也无法煮一次。那个年代，厨房使用最频繁的莫过于铝煲，反反复复地煮水泡茶要用它，煮一大家人的冲凉水也要用它。因此铝煲使用二三年便有"沙孔"漏水是常事。当然也有用大锅煮茶的，比如红白事，来的人多，茶水需求特别大，这时就用大锅猛烧开水，把洗干净的山楂叶放七八片下去煮，水开了直接盛入本家的和借来的大茶壶里。

长辈们回到家大口大口地喝茶，他们在田间劳动时并非滴水未喝，而是带去的茶早就被喝光了。那时没有现在随处可见五颜六色、形状各异的茶水瓶、可乐瓶、矿泉水瓶之类可盛茶又实用的瓶，家里为数不多的保温瓶宝贵得很，轻易不拿出屋子，万一不小心摔碎，不知去哪挣钱来买，况且还要凭票购买呢。当时大部分人使用竹筒盛山楂叶茶。爷爷有一个军用水壶，是否为"学大寨"积极分子的奖励品或是亲戚赠送不得而知。水壶表面的漆早已褪尽，为防止外出劳动弄错，爷爷用小刀刻上自己的名字。天未亮，他们就把军用水壶、竹筒盛满山楂叶茶外出劳动，劳动时挥汗如雨的他们，很快就把所带的茶水喝光了。为了让爷爷下午劳动时能喝到凉爽的茶，中午，我们把爷爷的水壶灌满山楂叶茶，拧紧盖，放在家里水井的排水口，用排出的井水给茶降温，直至接近井水清凉的温度，这样喝起来舒畅极了。竹筒因散热不好而较少采用这种方法，再说竹筒密封不好，如果不小心倒卧，茶水就会溢出，前功尽弃。

　　夏天生产队开会，队长最喜欢选择在晒谷场靠田边的一端集中。在那个没有电风扇的年代，选择有阵阵自然风的地方十分必要。队长一手提着大茶壶，一手提着装有十几只碗的竹篮率先来到，其他人拿着长短、高低不一的凳子而来。各家的户主围着大茶壶而坐，队长给环坐的户主一碗一碗地倒满山楂叶茶，便开始直奔主题开会。

　　山楂叶茶营养丰富，保健功效出色。平时人们用山楂叶泡水喝，对心脏大有益处，因为这种养生茶含有的山楂叶酸被人体吸收后，能直接作用于心脏，可提高心脏功能，并能防止心梗和心脏功能衰退等多种不良症状出现。长期饮用还可预防高血压、高血脂，因为山楂叶茶中含有的类黄酮被人体吸收后，能促使血管扩张，并能增加冠状动脉中的血液流量，而且能让中枢神经兴奋，防止心血管功能减退。同时具有理气通脉、开胃消食的功效。农村人相对较长寿，除了经常高强度劳动排汗排毒，饮食以无加工、无激素、无污染的粗粮为主以外，或许还有经常喝山楂叶茶的缘故。

　　其实山楂叶不必采摘，拾山楂树下自然飘落的最佳。重阳节前后，山楂叶渐渐由绿色变成赤褐色，瓜熟蒂落般脱离树枝，叶落归根，在金秋的阳光照射下水分完全蒸发，变成一片片干燥又富有韧性的茶叶。大人们挑担箩，在山楂树下拾叶片。回到家，全家人把山楂叶一片片地整理，有杂质的去掉杂质，粘有泥土的用水洗去，再晾干，然后放入若干个陶罐，可供一年之用。

如此廉价的山楂叶茶，我们也不是想喝就有的喝。记得我读小学、中学时，从未带过喝茶的瓶子到学校，确实口渴了，打开学校的水龙头，直接喝生水。那时农村十分落后，农民生活十分困难。很多时候说到钱，家长就会说："你以为钱是树叶啊！"或者叹息："树叶是钱就好了。"意思是挣钱十分艰难，不像采摘树叶那般容易。可有种树叶能换钱，那就是山楂树叶。当地人把山楂叶一片一片叠好，用稻草轻轻扎成一小捆，然后拿到街上去卖钱。几年前，我去三排千年瑶寨参观，有个老人在路旁摆卖的物品其中之一就是山楂叶，5元钱两捆。有人问我这是什么，我向他介绍山楂叶茶的作用，并说是我们当地人一年四季常备之茶。那人听了很高兴，说第一次看见，马上掏钱买了两捆，说试一试，效果好再买。

冬天时不再用大茶壶盛茶，改用保温瓶，一个保温瓶放入两片山楂叶，色、香、味恰到好处。泡过茶的山楂叶，喜欢整洁干净的奶奶教我们不要乱扔，把它放在屋外墙边柴堆上面的废篮子里，以及那些煮水使用过的带叶子的中草药材，待晒干、风干后，还可以用来烧火煮东西呢。

2009年，家里在县城街边新建房屋，已退休的父亲天天一大早就来到临时搭建的简易木屋，用一个一次能煮20多斤的大电水煲不停地煮山楂叶茶，保证茶水供应充足。来干活的师傅们很感动，认为我们家工作配合很到位、很细心。不像有些业主，承包给包工头后吃喝完全不管，师傅们有时忙到大汗淋漓茶也没有茶喝。

我开车出远门时，习惯用个矿泉水瓶装满山楂叶茶，方便又实惠，口渴了就喝一口。假如在车上忘了拿茶味变馊，也不觉可惜。

如今，隔段时间回故乡走走，每户人家的茶壶里还有山楂叶茶。当然生活改善了，红茶、绿茶、山楂叶茶任君选择。每到一户，一杯入肚，仍油然而生许多关于山楂叶茶的感慨……

金坑林海茶飘香

✳ 刘向阳

茫茫的金坑林海
那是高山茶生长的地方
四季云雾缭绕的山间
犹如人间仙境一般
茶农们在大山之间耕耘
心海里时常充满了喜悦

每一片细细尖尖的茶叶
都是在天然的氧吧里长成
煮沸一壶山间流淌的溪水
把高山茶泡上
醇厚绵长的茶香
瞬间在心灵的最深处沸腾

这是千百年来的茶园
也是林下经济最好的体现
林农转型大力发展种茶业
让古老的茶园焕发生机
一片又一片的新茶
走出山门，清香溢远

品一杯香茶

✳ 刘向阳

邀三五知己
沏一壶好茶
明月下把盏言欢
当是多么快意的人生
茶道即人品
品茶犹如品人性

心情浮躁的人
是无法品出茶的真谛
唯有修身养性
方能让一杯香茶
通过慢慢地品细细地闻
最终沁入我们的灵魂

让一切的善意都结成善果
对欺骗和恶人
举起我们手中的茶杯
用滚烫的茶水
洗洗他们肮脏的人心
人世间才会风清气正

这里的"黄连"不苦

✳ 赵翔辉

"黄连"什么时候为什么成为"黄莲",说实在的,我很伤心,甚至痛得不想去考究。这种被"草菅"的地名到处都有,而且还"冠冕堂皇"地张扬着。

而我在这里所说的黄莲村,是连南县的五个过山瑶人集中居住的村庄之一。村子不大,只有480多人,且与200多八排瑶人友好相邻。

老祖辈相传,此地因"高山坳"和"牛脚窝"盛产黄连而得名。

虽说是过山瑶人村,但民居的建筑风格与各地一样,都没有了"瑶味"。想来一点"乡愁",即便是假装的也不容易。

还好,或许正因为有黄莲村的存在,过山瑶人的歌

还在，鼓和舞都在。这着实让我这个同是过山瑶的老人，十分宽慰。

都说，茶树、竹子和芭蕉是瑶族的伴生植物，这话不假。

黄莲村盛产"大叶茶"，共有茶园380多亩，每年出茶青5万斤左右。仅是这一项产业，就能给村民带来百万元收入。

早在1959年，黄莲茶就在广州中国出口展览馆展出，被中外人士赞誉，获中国茶叶进出口公司奖励；英国商人购去在伦敦博览会展出后，黄莲茶被认为可与国际有名的锡兰茶相媲美。更让人高兴的是，"连南大叶茶"已经成为国家地理标志产品。黄莲村人的生活定会更加美好。

一名染过茶香的姑娘

✿ 房丽珍

晨鸡报晓，白云生处，绿树掩映之中，处处都是人家，户户炊烟袅袅。一抹和煦的阳光，透过薄雾，映照着红墙黑瓦的大古坳村。

"采茶咯——"几个身着艳丽瑶族服装活蹦乱跳的小身影，手提小竹篮，一路叽叽喳喳，奔向村边的茶园。

茶园分布在25~30度之间的山坡上。茶树种植实行"刀耕火种"，开垦茶园先把树木砍完，放火烧光杂物，然后开始种植。种植时不规划整地，不挖茶坑，不施底肥，用锄头挖个穴，放入3~5粒茶籽，盖上土，就算种植完成。既无行距，亦无株距。

大古坳村日照充足，雨量充沛，土壤肥沃，温暖湿润，气候宜人，非常适合种植茶树。大古坳村大叶茶属乔木型大叶种，树脚围径大者可达100厘米，叶片形态划分为大叶型和长叶型，以大叶型居多。大叶茶主要用于制作绿茶和红茶。采摘茶叶时，只要是茶芽都可采。

春茶新叶长得快，要及时采摘，否则一夜之间就老，最后就成了没有用的大叶子。为了确保品质，一个茶农一天只能采摘到10千克左右的鲜叶。

每年清明节前，大叶茶开出新芽时，"莎腰妹"的脸蛋全都笑成了一朵朵漂亮的山茶花。那个时候，身轻如燕的我们，越过薄雾晨曦，提着篮子，在这绿色海洋里不停地穿梭。茶叶那尖尖的茶芽，多么嫩呀！细细长长的，顶端还有些"含苞欲放"的味道。从茶叶的头部掐尖摘下，小伙伴们笑嘻嘻地说："采呀采，把你采回家……"

听妈妈说，清明前时采茶叶，只是在最嫩的地方摘下一点，然后精加工。用山泉水一泡，入口甜润，清新自然，饮后满口生香，这也是大叶茶令人着迷的地方。

自懂事以来，记得每逢初一、十五，每家都在神龛前斟茶敬酒，焚香点烛，在祖灵面前汇报家事或说一些吉祥话以求平安。因此，茶是每家每户的必备品。采茶和烘制茶，也是家家必会的技艺。

烘制茶的时候，我总喜欢在母亲身边帮忙。这时，我们能染上一身茶香，走到屋里屋外，连空气都飘着一股茶香味，甚至说话时口中吐出的一个个字，都氤氲着茶的芳香。

泡茶的时候，大叶茶在水里慢慢舒展，徐徐沉于碗底，香气随着热气缓缓上升，弥散，飘扬，是瑶山里隐约的草木气息，呼吸之间，便在鼻腔萦绕。小口浅尝，淡淡的甘甜，顺喉滑落。

中国是茶的故乡，茶文化源远流长。唐代陆羽《茶经》中有"茶之为饮，发乎神农氏，闻于鲁周公"的记载，足以说明茶的悠久历史。2020年5月21日，被联合国确定为首个"国际茶日"，充分说明了发展茶产业、弘扬茶文化的深远意义。

俗话说"高山出好茶"。村后有个天堂湖，终年云雾缭绕，使得大叶茶吸吮天堂湖云水之精华，具有饮后回味甘甜的独特风味。

近年来，大叶茶重新受到当地政府重视。大古坳村因地制宜发展茶产业，全村共有茶园200亩，被列为重点特色农产品扶持发展对象。在2013年广东省第十届名优茶叶品质竞赛中，连南大叶茶成为茶业界的黑马，清嵩牌高山绿茶和大古坳牌红茶均斩获金奖。

大古坳梯田风光吸引许多游人前来观光摄影，大古坳村抓住全域旅游时代的大好时机，做足茶旅游的项目，把茶园观光、体验、品茶纳入乡村旅游的项目，走出了一条茶旅有机结合的全域旅游产业融合之路。

这不，节假日就有不少城里人来大古坳村，去看茶，去采茶，体验那种茶农的生活。

采茶是一件非常艰辛的工作。茶农在茶季期间，每日起早贪黑，争分夺秒。天晴时，她们顶着烈日，戴着草帽，就算夏天，仍要穿着长袖长裤，防止蚊虫叮咬；下雨时，她们披着雨衣，背着茶篓，风里雨里也能看到她们忙碌的身影。

采茶季，每天太阳刚升起，母亲就把我叫醒了，我眯着双眼极不情愿地起来，洗脸、吃饭、提上茶篮，跟在母亲的后面，去山上采茶。到了茶园，挑选长势最好的茶叶蓬，从早上8点一直到中午12点才可以回家吃饭。夏天的中午，火辣辣的太阳晒得人昏沉沉，我便缠着大人们讲故事以解困。

令我难忘的是，一次茶园里来了个教书先生，先生说我很聪慧，一定能走出大山，把我和母亲高兴了好一阵子，我也把这个"预言"牢牢地记住了。先生的"预言"实现了，长大后我不仅仅走出了大山，还周游了全国各地。

爷爷是个木匠，小时候我吵着让他在宽敞的院子里，摆上他亲手制作的一张古木的茶桌，还带有两把木座椅。每次晚饭后，或者周末闲杂时光，摆上茶具，挑好中意的茶叶，如果嘴馋还可添上茶点，伴着茶香与好友享受慢悠悠的好时光，岂不美哉？因此，我觉得茶的趣味不仅是茶香四溢的细腻，以茶会友、以茶悟道更是乐趣中的乐趣。

冬去春来，那个曾经的采茶姑娘，再次回到家乡，回想起清明茶香，心头充盈又悸动，笑容纯朴又美好。

一直觉得很幸运，我曾经是一名染过茶香的姑娘！

千年瑶茶，连南大叶——故乡的茶

❋ 李坚超

一、听你，很久

地处大山，人迹罕至。起微山、大雾山、帝冠峰，峰高林密，溪流逶迤而行，清澈甘甜，浇灌着崇山峻岭之间的茶树，得天独厚、不可复制的条件，孕育了故乡天然、原生态、浓郁的茶叶。

二、知你，窃喜

在南方迷人的夜晚，在茂密的丛林中，在不知名的春涧里，神秘的杜鹃一声声地呼唤。杜鹃唤醒的何止是一片红的杜鹃花，还有南方独具韵味的湿润春天。

阳春三月，万物复苏。高山下，溪涧旁，黄土地上，老茶树、新茶苗、山野茶，都赶在明媚的春光里悄然生长，冒出绿芽。亚热带高海拔造就了连南独具特色的气候，加上原始的生态、肥沃的土壤，培育出了百里瑶山大叶茶香浓郁、耐泡、醇厚、别树一帜的高品质茶质。

新春的第一撮茶叶，是最清香诱人的。每年这个时候，勤劳的父老乡亲们，善良的老人，爽朗的瑶族"阿贵"，漂亮的"莎腰妹"，可爱的孩子，像是赶喜庆的节日，在深山老林中上蹿下跳，来回穿梭，忙着采茶，好比蜜蜂在春光里忙碌。

三、品你，醉过

瑶族人新采的茶，除了偶有送亲戚朋友外，一般都是留着自用。一代又一代勤劳朴素的瑶族人，将一壶茶水立于田间地头，劳作之余，喊上左邻右舍，或者拉上路过的人，席地而坐，饮上一碗浓郁的茶，解除疲乏，侃侃而谈。在阵阵的茶香里，说着今年的季候雨水、种植收成，细品生活的甘甜与辛酸，默默收获自己的庄稼和平凡的一生。

四、懂你，不易

我的故乡，过去盛产绿茶、红茶、黄茶、白茶、清茶、大叶茶，其中，有大麦山黄莲茶、大坪镇高山茶、寨南高界茶、金坑大雾山茶、马头冲茶等有名的茶场，经多年连片种植，已成长为老茶林，但是产量不高。后来因缺少了手法娴熟的茶艺师，管理又跟不上时代的步伐，加上历代茶商、茶人的离去，传统工艺的没落，故乡的茶叶，逐渐落寞，鲜有问津。

五、念你，情深

一方水土养一方人。我的父亲是一个种茶的人，原本希望子承父业，像他一样挑起大山的脊梁。故乡采茶的小径，我走了多少年。我走过了童年，走过了少年，我走过了父亲双肩上挑起的那些苦难的光阴，走过了母亲心底深藏的那些苦涩的从前。然而，在那个美丽的春天，那个发誓和我牵手走过一生的女孩，在采茶的途中，滑进了沼泽，再也没有上来……

从此，再也没有人在我心中激起那种炽烈的、温柔的、深沉的情感，再也没有一双眼睛能代替那双曾经深情款款地望着我的眼睛，再也没有一双伸向我的手，使我年轻的心如此热血澎湃、激动不已，欢乐和甜蜜得令人陶醉！

再后来，我拿着民族学院的录取通知书，离开了故乡，离开了产茶的瑶山，离开了采茶的人。但我深深知道，自己从未离开演绎着或喜或悲的采茶故事。

曾经心疼也好，一往情深也罢，我相信，只要有人喝茶，就会想起故乡的茶。因为，茶就如人生，苦尽必甘来。

（摘自2020年《记忆·清远茶》）

我与连南大叶杂记

✵ 刘庆辉

我真正与连南大叶打交道，是2022年下半年。现抛砖引玉杂记之。

连南大叶，即为长于连南瑶族自治县境内的大叶品种茶叶，其叶薄柔软，叶尖细长，叶形长椭圆，叶面光滑，持嫩性强，具有水浸出物、茶多酚、锌含量较高的特点。

当时，连南政协常委会会议有个专题协商议政的议题由提案组承担，议题即为如何壮大连南大叶品牌，而我作为提案工作组组长，责无旁贷地谋划开展协商前的调研计划及协商时的方案，以及专题调研协调、材料撰写等工作。就这样，我开始与连南大叶进行近距离的亲密接触，且延伸到次年。

我们成立专题调研组，在连南政协分管领导的带领下，进部门、走茶企、外考察，广泛听取、收集关于"壮大连南大叶品牌"的意见建议。为使调研报告更具针对性、专业性、操作性，我们专门邀请了县农业农村局一名分管茶叶的领导作为成员随行。其中，调研组县内走访职能单位县农业农村局、连南特农公司，茶企八排瑶山、臻馨、杰茗等公司，县外赴连山皇后山茶庄园、英德积庆里红茶谷等农文旅结合体深入调研，收集了大量一手材料，基本找准了存在问题，提炼出合理建议，从而形成《关于壮大连南大叶品牌的建议》议政材料草案。

2022年9月28日，连南政协常委会会议开展专题协商，除邀请县政府分管领导及上述部门、茶企外，还邀请县财政局、县经发局、县自然资源局、县市场监管局、县供销社负责人到会协商，再次广泛听取、收集意见和建议。调研组充分吸纳，数易其稿，最终形成较高质量、具有参考价值的报告，送县委、县政府作决策参考，取得一定成果。

我们将连南大叶主要存在问题归纳如下：一是没有形成种植推广规模。连南大叶种植不多（全县茶叶种植面积不足3万亩）、产品较少，不少茶企不同程度地存在散、小、弱的特点。二是没有形成标准化建设。工艺水平落后，品质参差不齐，监管不够到位，产业发展机制不健全，在种苗繁育、复合生态栽培模式、茶叶加工技术、产品质量标准等方面明显不足。三是没有形成区域公用品牌。缺乏区域公用品牌，会给茶商、茶客、游客带来很多错觉，难以把握连南大叶茶的分量和价值。四是农文旅融合发展任重道远。连南的茶企中，尚未形成农文旅融合发展，各种植基地没有考虑以农文旅融合模式去打造，缺乏景观道路、停车场（生态停车场）、旅游厕所、游客服务中心、农文旅体验项目及观光旅游内容。就上述存在的问题，我们提出加大种植推广连南大叶茶力度、加快连南大叶茶标准化建设、积极形成连南大叶茶区域公用品牌、连南大叶茶要农文旅融合发展等具体建议，成为壮大、打造连南大叶品牌的努力方向。

2023年2月21日至23日，政协第十二届连南瑶族自治县委员会第三次全体委员会议召开，参会人员还有连南四套班子领导、正科级单位一把手。筹备会议期间，经连南县政协主席会议协商，将《关于壮大连南大叶品牌的建议》议政材料由书面发言列为台上发言，进一步凝聚各级领导干部发展连南大叶的共识。

连南位于北回归线以南，属亚热带季风性湿润气候，雨量充沛且雨热同季，气候温和怡人。因位于南岭山脉南麓，山区立体气候明显，高山与平地之间温差有4℃~5℃，这就是连南得天独厚的地理优势，在此种植的茶叶品质高、口感更丰富。制成的绿茶具有香气足、味浓爽、汤黄亮的品质特点，具有"栗香馥郁、清苦回甘"的独特品质特征；红茶则具有外形紧结细长、汤色深红、滋味浓厚等感官品质特征。据一些原来在清远南部地区工作的人反馈，他们之前是以喝英德红茶为主，自从到了连南工作后，便选择以喝连南大叶茶为主。他们认为，连南大叶红茶口感甚好，一点不比其他红茶差。

之后，为进一步助推连南大叶发展，连南政协两度组成专题组，先后赴广西苍梧县考察六堡茶，赴湖南安化县考察黑茶，古丈县考察毛尖茶，学习他们在茶产业方面的先进做法和成功经验。我作为成员之一全程参与。所到之处，大开眼界。广西苍梧六堡茶、湖南安化黑茶，其规模、产值在全国都久负盛名，均建有茶博物馆。与其相比，连南大叶茶产业只能算作处于"起步阶段"。但我觉得，连南大叶可结合自身实际，扬长避短，少走弯路，久久为功，不断壮大连南大叶品牌。

比如引进有实力的茶企方面。在苍梧县六堡镇，我们参观了一个名为"双贵"的六堡茶标准化示范茶园，规模有四五千亩。大家饮了该茶园生产制作的六堡茶，一致认为口感很好，但该茶园却十年没有向外卖过茶。茶园老板是广东人，他说："现在茶的市场不是很景气，再放一放。"原来这茶与酒一样，储存越久越值钱。然而，必须是有实力的茶企、有足够的资金才能支撑起这般运作，不然，每年的工人工资、茶园开发管理等费用就吃不消。因此，连南要力争引进几家有实力的大茶企，这样对增强抗风险能力和做大做强连南大叶茶产业大有益处。可探讨将广清连南万亩茶园等由大茶企经营管理，专业的事务由专业的大公司来做，效益应更好。

比如农文旅融合发展方面。在苍梧县六堡镇，我们参观的几家茶企，品茶的桌子为单一厚板的大长方形桌，可坐20人左右。透过屋子无遮挡的落地玻璃窗，可望颇有层次感的茶园，令人心旷神怡。茶企有各式茶产品供选购，有生产线、仓储间供参观，有些还有民宿。走出屋外，可入茶园观赏。而连南，目前还缺乏集可供参观的茶园、生产线、仓储间于一体的茶企。农文旅融合发展可不断延伸产业链条，提升农产品的附加值。特别是靠天吃饭的生态农业，更要深入挖掘农文旅融合发展的潜力，让外地游客感受到连南不但有大叶茶、古茶树，还有诗和远方。打造茶产业农文旅融合体，选址要做科学论证，力求整体效能最大化。探索拓展茶文化产品，推出连南大叶摆件、文化衫、吉祥物等文创品。

比如制茶非遗传承人方面。苍梧县共有国家级制茶非遗传承大师1名、省级非遗传承大师9名。苍梧县通过不断加大对非遗传承人茶企的培育，发挥非遗传承大师作用，保持传统技艺的传承和创新，以非遗技艺传承大师为核心，把非遗制茶打造成标杆。古丈县毛尖茶制作很精致，他们专门出版了一本《古丈守艺人》书籍，讴歌和致敬古丈民间的茶艺、茶人、茶事。连南应有不少手工制茶的高手，如现仍被津津乐道的较为偏远的高界茶、中坑茶、天堂山茶，以及之前的黄莲茶，其中不少是纯手工制作的。连南可择优将其申报为非遗技艺传承人，这样既肯定他们的制茶技艺、调动他们种茶制茶的积极性，又增加连南大叶茶的文化韵味。

比如宣传方面。安化县的一个做法值得大家借鉴推广：对方送给我们人手一份宣传袋，里面有几份包装精致、大小如火柴盒般的安化黑茶赠品，以及融入黑茶拓展开发的小饼干。这些成本不高，却巧妙地宣传了安化黑茶，又温暖了远道而来的客人。连南有关部门可订单式向茶叶协会订制，这样既可低成本地宣传连南大叶，又可以增加茶叶销量。当然，连南茶企还要走出去多参加斗茶比赛和展销会。在珠三角的高速路广告牌、城市公交车、地铁站投放广告，冠名连南有较大影响的体育赛事，采取线上线下相结合的方式加大连南大叶品牌宣传。连南大叶古树茶是连南大叶最大的亮点，特别是那些经专家认证有数百年以上的，高大且具神秘感又与众不同的原生态深山古树茶，可通过无人机拍摄，将众人合力采摘的动人场景，通过制作视频的方式进行广泛宣传。如连南涡水镇马头冲村那一大片历史悠久的大叶古树茶，半山腰处那棵5米多高、直径一人合抱还围拢不过来的千年大叶"茶王树"，就是连南大叶极好的宣传题材。

比如差异化发展方面。古丈县的国土面积、土地资源、森林覆盖率等县情与连南较相似，但茶叶种植面积、产量、产值却远在连南之上。目前，古丈茶园总面积20.5万亩，人均1.4亩茶，全县近70%的农业人口从事茶产业，80%的农业收入来自茶叶，90%的村寨种植茶叶，形成了这样一个良好的格局。2022年，全县茶叶总产量12385吨，实现产值16.17亿元。古丈茶产业成功秘诀之一还在于利用名人效应。出生于古丈县的著名歌唱家宋祖英演唱的《古丈茶歌》在全国600多家电视台播出后，"让'古丈毛尖'为代表的湘西古丈茶叶的知名度和市场占有率急剧上升"。手工制作、上乘的古丈毛尖茶售价数千元。连南要善于利用连南大叶茶成功入选国家地理标志农产品、国家名特优新农产品名录这一优势，以及古树茶这一稀有资源；同时，鉴于周边的英德红茶已名声在外，以及广西苍梧六堡茶（黑茶之一）、湖南安化黑茶、福建安溪铁观音（乌龙茶之一）、云南普洱茶等已成鼎盛之势，长远而言，连南应主打绿茶。要力争将连南大叶茶做成中高端产品，不要自降身价、自毁招牌。酒香不怕巷子深，只要水到渠成，好茶自然会有茶商、茶客慕名而来。

……

2023年3月31日，连南大麦山镇举办首届采茶节。连南大叶当中的黄莲茶、古树茶备受来客关注。当时正好下大雨，当地的瑶族群众冒雨在采摘茶叶，我也身临其中，很有感触。于是回来写了两首关于连南大叶的诗，写出了"采茶时节/茶农如赴盛宴/一芽一叶采摘喜悦""古树茶的前世今生/让人回味无穷"这样自我感觉良好的诗句。

我认为，作为当地乡村振兴重要抓手之一，连南大叶只要找准发展路子，加大政策支持，强弱项、补短板，扬长避短差异化发展，坚持一张蓝图干到底，定可共同见证"一片叶子造福一方百姓"。

连南大叶未来可期！

媒体留痕

MEITI LIUHEN

连南拟把茶产业发展为特色支柱产业

❋ 南方日报

作为粤西北的山区县，丰富的生态资源是连南县经济发展的优势。该县除了大力抓好传统的农业外，还把目光瞄准生态茶产业。近日，连南瑶族自治县举办第十三期"干部大讲坛"，邀请国家茶产业技术体系岗位科学家、广东省供销合作联社副主任陈栋做了题目为《关于生态农业与连南生态茶业发展的若干思考》的讲座，为连南县现代有机茶产业的发展提供强大的思想动力和理论支持。

陈栋认为，连南海拔高，生态良好，土地肥沃，山地资源丰富，是广东省生产高品质高山有机生态茶叶产品的最佳潜在区域。连南县有大量野生茶树资源分布，具有悠久的产茶历史，历史上有一定的茶叶生产规模和较高的知名度。目前连南茶业仍以小农经济为主，产业化发展缓慢，茶产业发展的优势和潜力巨大。

据了解，连南县为了切实开发茶叶产业自然资源优势，将连南茶业发展为特色支柱产业，已由连南县农业局与科技局负责成立专项，并与华南农业大学合作，根据连南县县情及茶叶产业要素现状，进行了较系统的资料收集和实地调查、研究，编制"2013—2020年连南县茶叶产业发展规划"。并提出发展目标：在今后几年时间内，建成一批具有连南特色的茶叶产业化企业和品牌，在县内外茶叶市场有较高声誉，经济效益、社会效益和生态效益良好，将茶产业建成连南地方特色支柱产业。

2012年以来，连南围绕制约茶产业发展的瓶颈问题，从组织调研到产业规划，从文化宣传到专项发展扶持政策，从组织连南茶企业参加茶叶博览会、名茶评比会，开展茶叶拍卖会，到请相关媒体开展以黄莲茶、天塘山茶为主的茶文化宣传，有效提高了连南茶业的影响力和发展积极性，连南茶叶价位一路走高，经济效益显著提高。与此同时，广大农民群众和茶叶生产经营企业的生产积极性也得到了提高，还吸引了一些县内外有资金实力和投资意愿的企业家，对投资连南茶叶产业的兴趣，在政策、人力、财力、技术服务、土地等要素方面，已初步形成了推动连南茶产业快速发展的动力。2013年，连南县被纳入"清远市茶产业发展规划"，连南县茶产业得到了中央现代农业生产发展项目专项资金的扶持。

2013年6月，连南县茶叶企业在广东省第十届名优茶质量竞赛活动中获得2个金奖、3个银奖、1个优质奖，其中板洞清嵩生态茶园生产的绿茶荣获金奖，红茶和乌龙茶获得银奖；连南县天堂山茶农民专业合作社生产的红茶获得金奖，绿茶获得银奖；大麦山黄莲高山茶种植专业合作社获得优质奖。该县黄莲茶、天堂山茶、清嵩茶等产品受到消费者青睐，连南茶叶价格有了大幅提升，春茶卖到了几百元甚至几千元一千克，经济效益显著，如天堂山茶农民专业合作社的几十亩金萱茶园亩产直接近万元，每亩纯利润4000元以上，板洞清嵩茶厂生产的优质茶卖到2000元每千克。相比连南其他种植业，茶产业的经济效益提升明显，无疑是连南山区农民致富的好项目。

（摘自2014年3月27日《南方日报》）

连南大叶茶成国家地标产品

❋ 记者/黄津　特约记者/房靖洋　通讯员/盘志勇

连南瑶族自治县流传着这样一句话："有瑶就有茶。"可见在当地瑶族群众生活中，茶叶占据着极为重要的位置。千百年来，在瑶族先辈的辛勤努力、精心呵护下，逐步形成了优良的茶树群体品种——连南大叶茶。

不久前，农业农村部第431号公告发布，"连南大叶茶"正式被批准实施农产品地理标志登记保护，成为国家地理标志保护产品。其保护区域范围为连南瑶族自治县所辖7个镇69个行政村，这些区域的有机质丰富，土壤pH值在4.5~5.5，十分适宜茶树生长。

以易起膏、韵味好、"冷后浑"等特质，连南大叶茶屡屡扬威各类评比大赛，共获得国家级金奖1个、银奖1个，省级金奖3个、银奖6个，以及2个省级优质奖。截至2021年上半年，连南全县茶园面积1.5万亩，稻鱼茶省级现代农业产业园建设期间种茶面积实现翻番，带动众多茶农增收致富。

自然生态优渥

好山好水才能出好茶

连南位于北回归线以南，属亚热带季风性湿润气候。因位于南岭山脉南麓，山区立体气候明显，高山与平地之间温差4℃~5℃，非常适宜大叶茶的生长。

连南山丘广布，北有大龙山，西有大雾山，南有起微山，地形南北长、东西狭，地貌主要有沿河冲积平原和山间冲积谷地、丘陵、山地等类型，境内有县级以上自然保护地10个，占全县面积的15%，是广东省唯一一个拥有湿地、石漠化两个不同类型国家级公园的县（市、区）。

作为国家重点生态功能区、广东省生态发展核心区、粤北绿色生态屏障和水源涵养区之一，连南森林覆盖率达83.8%，15年来严格执行占全县面积71.91%的生态严格控制区，生态环境状况指数连续9年达到80分以上，生态环境状况指数分级评价为优。2020年，空气质量优良指数达99.5%，饮用水和地表水水质100%达标。

这也造就了连南大叶茶"栗香馥郁，清苦回甘"的独特品质特征。连南大叶茶叶薄柔软，叶尖细长，叶形长椭圆，叶面光滑，持嫩性强，具有水浸出物、茶多酚、锌含量较高的特点。制成红茶，外形紧结细长，色泽乌润，香气清高深长，汤色深红，滋味浓厚，叶底鲜艳匀齐，茶汤冷后呈乳浊状；制成绿茶，银绿起霜，汤色黄绿亮，香气栗香馥郁，滋味浓醇。

种植历史悠久

"瑶茶"人文烙印深刻

连南是少数民族地区，以瑶族为主的少数民族占当地总人口的57.57%。当地瑶族群众是在隋、唐、宋朝时期从湖南等地迁徙到此，并结寨定居形成了"八排二十四冲"。瑶族人家历来有种茶、制茶的习惯，每当迁居到一处新地，家家户户都会栽种茶树，甚至有嫁娶时女方嫁妆中必有茶叶的习俗。

当地瑶族群众历来就有种茶、饮茶、"敬茶"（即在重大节庆时用茶来祭祀祖先）的传统，而且延续至今。在婚嫁喜宴时，出嫁的新娘会手提内装茶水的银制水壶，在拜祭先祖后，将茶水分别倒一点在祭台上的茶杯里，并在门口倒上几滴。在宗祠，每月农历初一和十五，都会安排老人将祭台的茶杯水进行更换，并在宗祠门口倒上几滴。瑶语音译为"点大"，普通话可翻译为"敬茶"，是瑶族人民对大自然、对茶、对祖先敬畏和感恩的一种表现。

茶叶是连南的重要传统经济作物之一，早在清朝末年就有栽培茶树的记载。1928年《连山县志》载："大旭、大龙、金坑等茶叶向盛。"民国《连县志》对连南茶叶的记载："茶叶产量以大龙最多"，黄莲茶为地方特产。

据广东省茶科所专家小组的调查考究，现存最高龄的大叶茶树有近千年树龄，生长在连南黄莲村的高山上。连南大叶茶主要分布在海拔600~1500米之间的山涧峪谷，种植于高山流水旁，因而色香味俱佳。1988年，广东省农作物品种审定委员会审定连南茶叶品种为"连南大叶"，以其制作的成品茶，品质优异、独具特色。

目前，连南茶区主要集中于大麦山镇的黄莲、塘梨坑、后洞、白芒、望佳岭，金坑乡的大龙，寨南乡的中坑、板洞和大坪乡的天堂山等地。各地栽培的茶树品种以连南大叶种群体为主。在大麦山镇的黄连山、寨南乡的板洞、金坑乡的大龙山等地，分布有面积较大的野生茶资源。

建"双区""茶罐子"
扩种逾2万亩助推富民兴村

茶叶是连南的特色产业，是联农带农、增收致富的朝阳产业，连南县委、县政府对此高度重视。"要立足新发展阶段、贯彻新发展理念、融入新发展格局，突出'三农'工作抓手，坚持科技兴农、质量兴农、品牌兴农，不断优化农产品供给结构，畅通产供销有效衔接，大力推动建设'双区'的'菜篮子''茶罐子''果盘子''米袋子''油瓶子'基地，加快推动连南现代农业、特色生态农业发展。"连南县委书记刘泽和对此曾提出具体要求。

2016年以来，连南县委、县政府围绕"生态与文化立县·全面高质量发展"目标，立足生态发展功能定位，全力践行"绿水青山就是金山银山"理念，认真落实国家重点生态功能区、主体功能区划制度，以茶叶为主导产业，大力发展特色生态农业产业，积极推动绿水青山转化为金山银山，争取到稻鱼茶省级现代农业产业园项目落地建设。

为做好茶产业"从0到1"的基础工作，连南县充分利用民族地区扶持政策，大力推动茶产业的发展，先后出台了《连南瑶族自治县发展茶叶种植补贴方案》《连南瑶族自治县发展"连南大叶"茶种植奖补方案》等文件，投入2.24亿元资金建设稻鱼茶省级现代农业产业园，大力推动万亩茶园、坑口茶园示范基地等项目建设，每年举办"大叶杯"斗茶大赛，积极宣传推介连南大叶茶。

围绕产业园建设，连南致力将茶产业打造成农业拳头品牌。"要把茶叶作为主推项目，成立茶叶协会，举办茶叶论坛，加大品牌建设和宣传力度，把连南大叶茶国家地理标志保护产品、名特优新农产品的品牌擦亮叫响。"连南县委副书记、县长唐金文表示。

为进一步加快茶产业现代化发展，连南坚持从自身实际出发，立足新发展阶段、贯彻新发展理念、积极融入新发展格局，2020年已和省农科院、华南农业大学等科研院校进行了大叶茶苗育苗项目合作，并制定了"连南大叶"种植计划，力争2023年扩大全县"连南大叶"茶园种植面积逾2万亩，加快发展壮大连南大叶茶产业，实现富民兴村目标。

截至2021年上半年，连南全县茶园面积已达1.5万亩，稻鱼茶省级现代农业产业园建设期间茶叶面积翻了一番。单贵茶、黄莲茶、起微瑶山茶、天堂山、清嵩茶等一批连南大叶茶产品受到广大消费者的青睐，连南茶叶价值连年攀升，经济效益、联农带农效益显著。

大地昂村村民沈青花说，自己家里栽种了四五亩茶叶，去年收入一万多元："这几年发展越来越好，我们收入节节攀升。"

促进融合发展
兴建茶药菌省级现代农业产业园

为抓住省委、省政府推动省级产业园建设的机遇，进一步加快连南特色生态产业发展，做大做强茶叶、瑶药及食用菌产业，连南县在现有生产产业的基础上，坚持以自身资源禀赋和特色优势产业为基础，以瑶族民俗文化为卖点，以推进农业供给侧结构性改革为主线，谋划以茶叶、瑶药、兰花、食用菌为主导产品，推进茶药菌省级现代农业产业园项目建设，进一步促进特色生态农业融合发展，达到带动广大群众增收致富的目的。

连南茶药菌省级现代农业产业园项目计划投资2.5亿元，按照"一心三区五基地"进行布局建设，建设内容涵盖：农业设施工程、土地流转、产业融合工程、科技研发与信息支撑工程、区域品牌提升工程、贷款贴息、财政资金折股量化入股等17个项目。

产业园建成后，预计总产值达到15.5亿元，其中茶药菌主导产业产值达到6.5亿元，为社会提供5000多个就业岗位，辐射带动农民3万人以上，农村居民人均可支配收入提高至2万元。

（摘自2021年8月3日《南方日报》"南方＋"）

投资1.2亿元，广清连南万亩茶园迎来首次采摘

✳ 黄津　梁敏

走进广清连南万亩茶园，一垄垄沿山栽种的茶树抽出了今春第一茬嫩芽，满目翠绿欲滴，山间清香四溢。茶农正挎着背篓穿行其中，采下今年首批春茶。日前，2023年广清连南万亩茶园头采活动在寨岗镇新寨村成功举办，这也是该园建园3年来第一次采茶，掀开了连南大叶茶发展的新篇章。

广清连南万亩茶园迎来首次采摘

下阶段，连南将因地制宜打造茶园生态景观，争取把广清连南万亩茶园创建为AAA景区，打造成百里瑶山农业高质量全面发展的核心示范区，助力乡村振兴跑出"加速度"。

总投资1.2亿元的广清连南万亩茶园是广清结对帮扶连南的一大重要举措

投资1.2亿元建茶园
把大叶茶打造成连南农业支柱产业

新茶随春到，春天的广清连南万亩茶园茶香浮动，茶农穿行其间，竞相"头采"。

"头采春茶贵如油。在大家的共同努力下，广清连南万亩茶园历时3年迎来第一次采摘，茶园第一轮春茶名优茶特征明显，这也让我们对茶园未来发展充满信心。"连南特农公司负责人说道。

广清连南万亩茶园是广清结对帮扶连南的一大重要举措，项目于2020年6月启动建设，总投资1.2亿元，投建以来，共投入帮扶资金4550万元。

该项目充分利用连南丰富的山（林）地和"连南大叶"种质资源优势，把连南大叶茶产业打造成连南农业支柱产业之一。当茶园进入稳定丰产期，年采摘茶青将超过150万斤，总产值将超过2000万元。

把茶园创成AAA景区
提速连南乡村振兴步伐

采摘现场，广州对口帮扶清远指挥部副总指挥、清远市委副秘书长徐懿、越秀区政协副主席、对口支援协作和帮扶合作工作领导小组副组长陆伟刚、连南县委常委、副县长、越秀区驻连南对口帮扶工作队队长陈哲等一行人体验了茶叶采摘，详细询问茶叶品种、产量规模、制茶工艺，深入了解茶园有机标准化栽培技术、企业的发展经营现状和存在的困难问题。徐懿对广清连南万亩茶园未来的布局和建设速度表示肯定，同时就如何更好地高标准打造万亩生态茶园提出了相关意见和建议。

陈哲介绍，万亩茶园的建设极大地推动了连南茶叶高质量全面发展，有力地促进了连南农业发展方式的转变，大幅度提高了连南农业经济效益和市场竞争力，是民族地区群众增收致富的重要举措。

目前，该茶园已开垦种植茶树面积近4000亩，为群众带来约270万元劳务收入。同时，茶园相关旅游配套设施已基本完成建设，每年带来近1000万元的劳务收入和1500万元的农业旅游产值，有效带动富民兴村，助力乡村产业振兴。下一步，连南将聚焦探索农文旅融合发展新路径，集聚用好各方资源，完善基础配套设施，通过新型农业经营主体和三产融合发展，因地制宜打造茶园生态景观，争取把广清连南万亩茶园创建为AAA景区，打造成连南农业高质量全面发展的核心示范区，助力连南乡村振兴。

（摘自2023年3月23日《南方日报》"南方+"）

好山好水产好茶，连南大叶茶正式开采

❋ 黄津 曾洪浩

2023年3月30日上午，一场春雨过后，三江镇金坑村坑口农耕文化园响起了清脆的瑶族采茶歌，十多名身着瑶族服装的"莎腰妹"迈着轻快的步子走进茶园采茶。

"莎腰妹"在茶园采茶（黄津　摄）

百里瑶山，山清水秀，好山好水孕育了连南好茶（黄津　摄）

当天，2023年连南大叶茶开采节暨广东斗茶大赛连南赛区活动在该园启动。活动以"看连南春色，品千年瑶茶"为主题，深入挖掘连南大叶茶品牌特色，打响连南大叶茶品牌知名度，促进连南茶产业高质量发展。

"连南大叶茶·岭南
生态气候优品"授权仪式
（黄津　摄）

2023年连南大叶茶开采
节暨广东斗茶大赛连南赛区
活动在金坑村坑口农耕文化
园启动（黄津　摄）

连南大叶茶国家地理
保护标志授权（黄津　摄）

中国首届斗茶大赛特
别金奖颁奖（黄津　摄）

连南大叶茶制茶工
匠授牌（黄津　摄）

　　活动期间，"连南大叶茶·岭南生态气候优品"授权、连南大叶茶国家
地理保护标志授权、中国首届斗茶大赛特别金奖颁奖、连南大叶茶制茶工匠
授牌以及连南大叶茶采购签约、广东斗茶大赛连南赛区颁奖等仪式的举行，
也揭开了连南大叶茶产业发展的新篇章。

　　近年来，立足生态发展功能定位，连南全力践行"绿水青山就是金山银
山"理念，大力发展以茶叶为主导的特色生态农业产业，推动绿水青山转化
为金山银山。目前，连南茶叶种植面积约2.97万亩，小小茶叶成为带动茶农
增收致富的"金叶子"。

连南好山好水产好茶

打造成为大湾区的"茶罐子"

本次活动由中国斗茶大赛组委会指导，连南县委、县政府主办，并得到广东省农业科学院茶叶研究所、华南农业大学园艺学院大力支持。

"3，2，1，启动！"现场，随着嘉宾们将连南秀水缓缓注入启动台，一方山水宝藏正不断汇聚，在云雾缭绕中滋养着连南大叶茶，意味着连南大叶茶正式开采。

广东省气象局二级巡视员常越、广东省农业农村厅种植业管理处二级调研员吴仕豪、清远市人民政府副秘书长黄灶明、广东省农业科学院茶叶研究所副所长操君喜、国家茶产业技术体系广西茶叶创新团队首席专家韦静峰、华南农业大学科学研究院综合办公室主任孙雄松、清远市农业农村局副局长李敏怀，连南瑶族自治县委副书记、县长房志荣，连南瑶族自治县委副书记潘康凯、南方农村报社副总编辑洪继宇等领导嘉宾，以及行业企业代表、采购商代表等约200人出席本次活动。

"有瑶就有茶。"百里瑶山，山清水秀，好山好水孕育了连南好茶。在瑶族先民千百年的精心呵护下，连南大叶茶逐渐变成优良茶树群体品种。近年来，连南县委、县政府高度重视茶产业发展，以实施

连南茶叶种植面积约2.97万亩，小小茶叶成为带动茶农增收致富的"金叶子"（黄津　摄）

乡村振兴战略为总抓手，把茶叶作为连南重要的优势特色产业培育发展，取得了累累硕果，茶产业规模化、标准化和品牌化程度不断提升。截至目前，连南茶园面积2.97万亩，2022年茶产业产值8000万元；连南入选广东区域品牌生态茶园创建县。

"春日百花艳，茶香最风华。"连南瑶族自治县委副书记潘康凯在致辞中表示，连南将抢抓实施"百县千镇万村高质量发展工程"、清远市打造五大百亿农业产业等有利契机，以稻鱼茶、茶药菌两个省级现代农业产业园为载体，以茶产业项目为抓手，加快推进广清万亩茶园和"一村一品、一镇一业"等项目建设，创新连南大叶茶产业发展的路子，大力推进茶产业高质量发展。

茶叶是连南的特色产业，是联农带农、增收致富的朝阳产业。立足新发展阶段，连南将围绕生态发展功能定位，大力发展以茶叶为主导的特色生态农业产业，建设成为大湾区的"菜篮子""茶罐子""果盘子""米袋子""油瓶子"，把绿水青山转化为金山银山。

摘得"岭南生态气候优品"称号
让连南大叶茶走出广东、走向全国

连南不仅是国家生态文明建设示范市县、中国最美县域，也是广东省特色农产品优势区。辖区内山高雾浓、昼夜温差大，具有发展茶产业的天然优势。

"山清水秀的连南，是优质茶叶生长的一方沃土。"广东省气象学会秘书长陈蓉表示，在连南近日召开的《"连南大叶茶·岭南生态气候优品"评估报告》专家评审会中，专家一致认为：连南大叶茶种植关键期气候条件优越，气象灾害风险低，品质形成期光温水匹配合理，昼夜温差大，茶青鲜嫩。制成红茶汤色深红，滋味浓厚；制成绿茶汤色黄绿明亮，滋味鲜爽。茶叶气候品质达到优及特优。

会上举行了"连南大叶茶·岭南生态气候优品"授权仪式。"连南大叶茶获此称号可以说是实至名归。相信在连南县委、县政府的领导下,'连南大叶茶·岭南生态气候优品'必将使连南大叶茶走出广东、走向全国,带动连南农业产业提质增效。"广东省气象局二级巡视员常越称赞道。

6家茶企夺魁
广东斗茶大赛连南赛区收官

3月29日,在广东斗茶大赛连南赛区预赛上,广东省农业科学院茶叶研究所副所长操君喜、国家茶产业技术体系广西茶叶创新团队首席专家韦静峰等两广茶业领域的专家,对参赛茶样进行了专业评审。

"今年的第一杯连南大叶茶真是太好喝了,栗香馥郁,清苦回甘!"在30日的决赛现场,茶企代表们携自家"拳头产品"齐齐亮相,进行品鉴PK。现场爱茶人士大饱口福,一站尝遍连南各路好茶。

"本次大赛通过创新斗茶方式与方法,突破传统茶叶评比活动赛制,邀请茶企代表及大众品鉴官现场品评。既增强了大众对连南茶产业的关注度和参与度,同时又让参赛茶企能在交流互鉴中探索出自身的创新突破点。"操君喜说道。

经过激烈的角逐,6家茶企从众多参赛企业中脱颖而出摘得桂冠。其中,连南瑶族自治县瑶山特农发展有限公司、连南瑶族自治县百年红茶业发展有限公司、连南瑶族自治县八排瑶山生态农业发展有限公司,获得广东斗茶大赛连南赛区绿茶类金奖;广东杰茗原生态茶业有限责任公司、连南瑶族自治县瑶香红农业发展有限公司、连南瑶族自治县雾峰发展有限公司获得广东斗茶大赛连南赛区红茶类金奖。

30日下午,连南茶产业高质量发展座谈会暨连南大叶茶品鉴会在连南瑶

广东斗茶大赛连南赛区绿茶类
金奖（黄津　摄）

广东斗茶大赛连南赛区红茶类
金奖（黄津　摄）

族自治县稻鱼茶省级现代农业产业园三产融合中心举行。会上行业专家大咖
云集，茶企客户齐聚一堂，品尝新鲜出炉的连南大叶茶春茶，共话连南茶产
业高质量发展的美好蓝图。

新闻纵深

栗香馥郁，清苦回甘
大叶茶成为连南特有的经济文化遗产

在涡水镇马头冲村，有一大片历史悠久的大叶古树茶。半山腰处，一棵
5米多高、直径一人合抱还围拢不过来的千年大叶古树茶，已成马头冲村的
"地标"，被村民称为"茶王树"。

连南种植茶叶已有千年历史。当地瑶族人家历来有种茶、制茶的习惯，
每当迁居到一处新地，家家户户都会栽种茶树，甚至有着嫁娶时女方嫁妆中
必有茶叶的习俗。随着瑶民在迁徙中不断移植茶树，连南逐渐形成茶树群体
品种，成为连南特有的经济文化遗产。1988年，经广东省农作物品种审定委
员会审定，连南茶叶品种为"连南大叶"。

树高5米多，直径一人合抱竟还围拢不过来的连南千年大叶古树茶（黄津 摄）

好山好水才能出好茶。连南位于北回归线以南，属亚热带季风性湿润气候。因位于南岭山脉南麓，山区立体气候明显，高山与平地之间温差4℃~5℃，非常适宜大叶茶的生长。作为国家重点生态功能区、广东省生态发展核心区、粤北绿色生态屏障和水源涵养区之一，连南森林覆盖率达83.8%，空气优良率100%。

优渥的生态，造就了连南大叶茶"栗香馥郁，清苦回甘"的独特品质特征。依托易起膏、韵味好、"冷后浑"等特质，连南的茶叶屡屡获奖："连南大叶茶"入选第二批全国名特优新农产品名录、广东省第三届名特优新公共区域品牌，获得国家农产品地理标志登记保护，以及中国黄茶斗茶大赛金奖、中国首届斗茶大赛特别金奖、"广东十大茗茶"等荣誉。

（摘自2023年3月30日《南方日报》"南方＋"）

连南"高山茶王"诞生

✿ 采写/洪会强　特约记者/房靖洋　通讯员/班照

2020年9月21—22日，第二届"连南大叶杯"斗茶大赛在连南瑶族自治县稻鱼茶省级现代农业产业园三产融合发展中心举行。

21日，省农业科学院茶叶研究所副所长唐劲驰，连南县委常委、政法委书记李一贵等领导和专家，对21家连南茶企送审的茶叶进行观察品鉴，从外观、色泽、整齐度、精细度等多方面对各公司送审茶叶进行了评估，接着对茶艺师泡出的红茶和绿茶进行了品味，从色、香、味等多方面进行打分。

连南大叶茶，历史源远流长。瑶族群众历来就有种茶、采茶、制茶的传统，野生大叶茶老茶树在全县多个乡镇都有分布。在连南涡水镇马头冲村，该村范围内老茶树有1500棵以上，其中百年以上野生老茶树有800多棵。

斗茶大赛现场，品鉴"连南大叶"是门艺术活。评比过程中，两种茶都要经过精巧的四道工序，才能品味至极。

嗅，刚泡出的茶，属于洗茶之水，虽尽可能不入喉，却最能体现大叶茶的色泽与醇香；尝，经过洗茶之后的茶叶，已经逐渐在杯中舒展开来，此时请出首次茶汤，能品味最原始的茶叶之香；品，此时的茶汤，香气清高深长，滋味浓厚，比之前更具有一番风味；念，浓烈的茶香已散去，留下的是淡淡清香，饮之令人回甘。

此次斗茶大赛，评审团共评选出绿茶类金奖2名、银奖4名、优秀奖5名，红茶类金奖2名、银奖3名、优秀奖4名。9月22日上午，在2020年"中国农民丰收节"系列活动暨广东·连南第七届"稻鱼茶文化活动周"开幕式上，市农业农村局副局长李敏怀等分别为优秀奖、银奖、金奖获得者颁奖。广东杰茗原生态茶业有限责任公司绿茶、绿缘生态发展有限责任公司获得绿茶金奖；广东杰茗原生态茶业有限责任公司红茶、瑶香红农业发展有限公司获得红茶金奖。

李一贵介绍，近年来，连南大叶茶快速发展，在省级和国家级的多项茶叶评比活动中获得了近20种奖项。2020年9月，连南大叶茶成功入选广东省第三届名特优新农产品。该县的稻鱼茶省级现代农业产业园，将茶作为三产之一的主导产业，目前拥有茶叶种植面积数千亩，每年仅是人工方面就为当地群众增收超过500万元。

连南大叶茶目前被列为县重点扶持发展特色农产品，县茶产业发展工作领导小组大力实施茶产业带、大叶茶种苗培育、大叶茶种植资源开发、稻鱼茶省级现代产业园建设等项目，旨在提高大叶茶产业基础，带动当地群众增收致富。

目前，据统计连南全县有49个茶叶企业，有1个中型茶叶加工厂、3个小型茶叶加工厂、10多个茶叶加工坊，加工能力稳步提升，茶产业发展迅速。

（摘自2020年9月23日《清远日报》"清远+"）

人勤春来早　采茶正当时

——连南高山古树茶今春开采

❋ 采写/洪会强　通讯员/班照　盘志勇

人勤春来早，春茶采摘正当时。

清明节前半个月以来，国家重点生态功能区——连南瑶族自治县，这个孕育出历史悠久古茶树的民族地区，再次迎来春茶采摘时节，准确地说，是明前茶的最佳采摘时节。

2021年4月2日，连南瑶族自治县人民政府在涡水镇马头冲村，举办了2021年连南瑶族自治县清明采茶活动，为当地的古树茶知名度和茶产业发展营造声势，助推乡村振兴，助力茶农增收。连南县委副书记、县长唐金文，县领导徐小东等出席相关活动。

值得一提的是，在马头冲村的采茶活动现场，组织方将今春第一杯春茶献给了8名全国优秀党务工作者、全省优秀共产党员、脱贫攻坚突出贡献个人和支援武汉的"最美逆行者"。

当天下午，在连南稻鱼茶省

级现代农业产业园三产融合中心，海伦堡中国控股广东臻馨生态农业有限公司与连南八排瑶山生态农业发展有限公司，签订"连馨助农"项目合作框架协议书；广东省农业科学院茶叶研究所和连南瑶山特农公司，签订了茶罐专利授权使用协议，助推连南茶产业创新发展步伐。

举行"茶王树""茶皇后"揭牌仪式

苍翠延绵不绝，清流碧水映带左右，自然风光美不胜收，资源禀赋得天独厚，这便是连南。马头冲村更是山青水黛、林木茂密、雨量充沛，这里孕育了一大片历史悠久的古树茶，是连南古茶树连片分布最广的地方。

马头冲是纯瑶族的村寨，瑶族人家历来有种茶、制茶的习惯，无论迁居到什么地方，家家户户都会栽种茶树，甚至有着嫁娶时女方嫁妆中必有茶叶的习俗。而历经多年保存下来的古树茶，便成为连南特有的经济文化遗产。

连南的古树茶分布较为分散，多种植在海拔600米以上的高山地区，不

施加化肥农药，纯天然生长，大部分为连南的大叶品种茶，分为野生或驯化栽培两个种类。

为更好地保护古茶树资源，当天，在马头冲村举办了"茶王树""茶皇后"揭牌仪式，呼吁社会各界共同保护这一优质的种植资源和当地良好的生态环境。

在当地独具瑶族特色的瑶语颂歌、瑶族"祭茶"仪式后，唐金文等与会领导嘉宾还为古茶树进行了挂红，共同祈愿风调雨顺、产业兴旺、国泰民安。

茶产业成为农业产业园三大主导产业之一

连南种茶已有千年历史，随着瑶民在历史的迁徙中不断移植茶树，逐渐形成了一个茶树的群体品种。1988年，经广东省农作物品种审定委员会审定，连南茶叶品种为"连南大叶"。

据了解，连南大叶茶叶薄柔软，叶尖细长，叶形长椭圆，叶面光滑，持嫩性强，具有水浸出物、茶多酚、锌含量较高的特点。制成红茶，外形紧结细长，色泽乌润，香气清高深长，汤色深红，滋味浓厚，叶底鲜艳匀齐，茶汤冷后呈乳浊状；制成绿茶，银绿起霜，汤色黄绿亮，香气栗香馥郁，滋味浓醇，具有"栗香馥郁，清苦回甘"的独特品质特征。

近年来，连南积极出台茶产业发展扶持政策，夯实产业基础，提高科技含量，提升品牌知名度，连南茶产业不断发展壮大。数据显示，目前连南茶叶面积1.2万多亩，茶叶年产量860多吨，全县茶农人数1.5万多人，茶叶加工企业20多家，标准示范茶园5个、数字茶园1个；拥有广东省第三届名特优新农产品、全国名特优新农产品两个"连南大叶茶"公共品牌，连南大叶茶申报全国农产品地理标志产品也顺利进入了公示审核阶段。

连南目前有省级现代农业产业园一个，以稻鱼茶为主，茶是三大主导产业之一。茶产业主导企业之一——连南八排瑶山生态农业发展有限公司负责人覃少凡表示，仅在2020年，该公司就支付包括涡水、三排、大坪3个镇在内的，多个茶叶种植基地的当地农户劳动报酬超过了300万元，实实在在助力当地农户增收。

采茶活动的温暖时刻

在采茶体验活动中，嘉宾和当地茶农一起，在马头冲村体验采摘古茶，在瑶族歌舞声中感受连南茶产业的发展。

今春第一杯春茶，连南将其捧给了8名全国优秀党务工作者、全省优秀共产党员、脱贫攻坚突出贡献个人和"最美逆行者"。

过去的一年是极不平凡的一年，是脱贫攻坚决战决胜之年，统筹疫情防控和经济社会发展取得重大成果。2021年是让人赞美的一年，将迎来中国共产党百年华诞。

为铭记这令人难忘的历史时刻，本次采茶活动特别邀请了1名全国优秀党务工作者、1名全省优秀共产党员、3名脱贫攻坚突出贡献个人、3名连南的"最美逆行者"到达现场，为这些楷模和英雄献上了连南2021年第一杯春茶，感谢他们在平凡的岗位上的默默付出，弘扬他们无私忘我的奉献精神。

（摘自2021年4月2日《清远日报》"清远+"）

官宣！正式！"连南大叶茶"获得国家地理标志登记保护

❋ 文图/洪会强　特约记者/房靖洋　通讯员/盘志勇

推动建设"双区"的"茶罐子"，投入2亿多元建设稻鱼茶省级现代农业产业园，茶园种植面积已扩大至1.5万亩，茶叶参评共获得1个国家级金奖、1个国家级银奖，3个省级金奖、6个省级银奖、2个省级优质奖……这就是连南瑶族自治县茶产业发展情况。

近年来，连南县委、县政府加快推动现代农业、特色生态农业发展，茶产业发展迅速。近日，农业农村部发布的第431号公告显示，根据《农产品

地理标志管理办法》规定，经过初审、专家评审和公示，对全国共计186个产品实施农产品地理标志登记保护，其中连南大叶茶入选。

自然生态优越，茶叶种植气候适宜

连南位于北回归线以南，属亚热带季风性湿润气候，年平均气温19.5℃，年平均降雨量为1705.1毫米，平均绝对湿度为19.2毫米，相对湿度为79%。山区立体气候明显，对大叶茶的生长有着非常适宜的自然环境。

据了解，连南大叶茶（炒青）外形条索紧结，银绿起霜，汤色黄绿亮，香气栗香馥郁，滋味浓醇，叶底黄绿尚亮。连南大叶茶（烘青）外形条索紧实稍曲、墨绿，汤色黄绿亮，香气清甜，滋味浓醇。连南大叶茶具有"栗香馥郁，清苦回甘"的独特品质特征。根据检测，连南大叶茶的水溶性灰分（占总灰分）含量70%~78%，儿茶素含量14%~17%，水浸出物含量53%~55%。

连南是广东省唯一一个拥有湿地、石漠化两个不同类型国家级公园的县（市、区），作为国家重点生态功能区、广东省生态发展核心区、粤北绿色生态屏障和水源涵养区之一，森林覆盖率达83.8%，生态环境状况指数连续9年达到80分以上，生态环境状况指数分级评价为优，非常适合茶叶生长。

这里是少数民族地区，以瑶族为主的少数民族超过一半。当地瑶族群众历来就有种茶、饮茶、"敬茶"（即在重大节庆时用茶来祭祀祖先）的传统，而且延续至今。

茶叶是连南的重要传统经济作物之一，早在清朝末年就有栽培茶树。1928年《连山县志》载："大旭、大龙、金坑等茶叶向盛。"民国《连县志》对连南茶叶的记载："茶叶产量以大龙最多"，黄莲茶为地方特产。

1988年，广东省农作物品种审定委员会审定连南茶叶品种为"连南大叶"，《广东省农作物审定品种（1978—2002）》记载："连南大叶审定编号：粤审茶1988003。"1992年，全县茶园面积7500亩，茶叶产量50吨。茶区主要集中于大麦山镇的黄莲、三江镇金坑片区、寨岗镇板洞、大坪镇天堂山等地。黄莲、板洞等地都分布有面积较大的野生茶资源，连南各地栽培的茶树品种以连南大叶种群体为主。

地方重视，茶产业提质增速发展

2016年以来，连南围绕"生态与文化立县·全面高质量发展"目标，立足生态发展功能定位，全力践行"绿水青山就是金山银山"理念，以茶叶为主导产业，大力发展特色生态农业产业。

为做好茶产业"从0到1"的基础工作，连南先后出台了《连南瑶族自治县发展茶叶种植补贴方案》《连南瑶族自治县发展"连南大叶"茶种植奖补方案》等文件，投入2.24亿元资金建设稻鱼茶省级现代农业产业园，大力推动万亩茶园、坑口茶园示范基地等项目建设。

截至目前，连南茶企在参与省级以上的各类评比活动中，共获得1个国家级金奖、1个国家级银奖，3个省级金奖、6个省级银奖、2个省级优质奖。

为进一步加快茶产业现代化发展，连南2020年已和省农科院、华南农业大学等科研院校进行了大叶茶苗育苗项目合作，并制定了"连南大叶"种植计划，力争2023年扩大全县"连南大叶"茶园种植面积逾2万亩。单贵茶、黄莲茶、起微瑶山茶、天堂山、清嵩茶等"连南大叶茶"系列产品受到广大消费者的青睐。

为抓住省委、省政府推动省级产业园建设的机遇，进一步加快连南特色生态产业发展，做大做强茶叶、瑶药及食用菌产业，连南县委、县政府谋划以茶叶、瑶药、兰花、食用菌为主导产品，推进茶药菌省级现代农业产业园项目建设。

据悉，连南茶药菌省级现代农业产业园项目计划投资2.5亿元，产业园建成后，预计总产值达到15.5亿元，其中茶药菌主导产业产值达到6.5亿元，为社会提供5000多个就业岗位，辐射带动农民3万人以上。

（摘自2021年7月28日《清远日报》"清远+"）

再添荣誉！连南入选广东区域品牌生态茶园创建县

❋ 文图/洪会强　通讯员/陈云霞　莫莉娜　综合/广东省农业科学院茶叶研究所

近期，经过申报、初审、送检、多轮专家评审和实地考察后，广东省农业科学院茶叶研究所公布第四批广东生态茶园认定单位名单。其中，连南入选广东区域品牌生态茶园创建县，连南瑶族自治县八排瑶山生态农业发展有限公司入选初级生态茶园。

近年来，连南立足生态发展功能定位，全力践行"绿水青山就是金山银山"的理念，以茶叶为主导产业，大力发展特色生态农业产业，积极推动绿水青山转化为金山银山。

连南积极出台茶产业发展扶持政策，大力推动茶产业的发展。为促进茶产业兴旺，助力乡村振兴，连南茶产业还充分融合瑶族文化、瑶族茶文化、区域旅游、康养休闲等优势，发展了连南稻鱼茶省级现代农业产业园三产融合中心、金坑森林康养小镇等乡村旅游与休闲农业示范点，延长产业链，带动农民增收致富。每年举办"大叶杯"斗茶大赛，积极宣传推介连南大叶茶的知名度。

有关部门的统计数据显示，目前，连南全县茶叶累计种植面积2.97万多亩，2022年新增6000多亩，2023年春茶叶加工干茶62余吨、产值1500多万元。茶叶种植企业与农民专业合作社16家，种植大户14户，茶叶加工厂9间。单贵茶、黄莲茶、起微瑶山茶、天堂山、清嵩茶等"连南大叶茶"系列产品更是受到广大消费者的青睐。

（摘自2023年1月13日《清远日报》"清远+"）

连南大叶茶再"出圈"，荣获中国首届斗茶大赛特别金奖

✻ 文图/洪会强　通讯员/黄家祺　陈云霞

1月12日，中国首届斗茶大赛暨2022中国十大茶王评比活动决赛在广州落下帷幕，来自连南瑶族自治县的茶企广东臻馨生态农业有限公司入选全国茶企二十强，其产品连南大叶绿茶荣获大赛特别金奖。

苍翠延绵不绝，清流碧水映带左右，自然风光美不胜收，资源禀赋得天独厚，这便是连南。连南位于北回归线以南，属亚热带季风性湿润气候，年平均气温19.5℃，年平均降雨量为1705.1毫米，平均绝对湿度为19.2毫米，相对湿度为79%，山区立体气候明显，对大叶茶的生长有着非常适宜的自然环境。

连南瑶族群众历来就有种茶、饮茶、"敬茶"（即在重大节庆时用茶来祭祀祖先）的传统，而且延续至今。茶叶是连南重要的传统经济作物之一，早在清朝末年就有栽培茶树。1928年《连山县志》载："大旭、大龙、金坑等茶叶向盛。"民国《连县志》对连南茶叶的记载："茶叶产量以大龙最多"，黄莲茶为地方特产。

连南种茶已有千年历史，随着瑶民在历史的迁徙中不断移植茶树，逐渐形成了一个茶树的群体品种。1988年，经广东省农作物品种审定委员会审

定，连南茶叶品种为"连南大叶"。

据了解，连南大叶叶薄柔软，叶尖细长，叶形长椭圆，叶面光滑，持嫩性强，有水浸出物、茶多酚、锌含量较高的特点。制成绿茶，银绿起霜，汤色黄绿亮，香气栗香馥郁，滋味浓醇，具有"栗香馥郁，清苦回甘"的独特品质特征；制成红茶，外形紧结细长，色泽乌润，香气清高深长，汤色深红，滋味浓厚，叶底鲜艳匀齐，茶汤冷后呈乳浊状。

近年来，连南积极出台茶产业发展扶持政策，夯实产业基础，提高科技含量，提升品牌知名度，连南茶产业不断发展壮大。

据统计数据显示，连南全县茶叶累计种植面积2.97万多亩，2022年新增6000多亩，是年春茶叶加工干茶62余吨，产值1500多万元。茶叶种植企业与农民专业合作社16家，种植大户14户，茶叶加工厂9间。单贵茶、黄莲茶、起微瑶山茶、天堂山、清嵩茶等"连南大叶茶"系列产品更是受到广大消费者的青睐。拥有广东省第三届名特优新农产品、全国名特优新农产品两个"连南大叶茶"公共品牌，连南大叶茶还是全国农产品地理标志保护产品，茶叶参评共获得2个国家级金奖、1个国家级银奖、3个省级金奖、6个省级银奖、2个省级优质奖。

连南县农业农村局相关负责人表示，茶叶是连南的特色产业，是联农带农、增收致富的朝阳产业。下一步，该县将用好资源禀赋，厚植文化底蕴，夯实茶产业基础，激活科技手段，延伸产业链条，创新消费方式，持续擦亮连南大叶茶"金字招牌"，全力助推连南高质量发展。

（摘自《清远日报》"清远+"）

茶韵飘香助增收！连南万亩茶园迎来头茶采摘期

❋ 文图/洪会强　通讯员/梁敏

　　新茶随春到，春天的广清连南万亩茶园茶香浮动，茶农穿行其间，竞相"头采"。2023年3月16日，广清连南万亩茶园头采活动在寨岗镇新寨村举行。

　　走进广清连南万亩茶园，一垄垄沿山栽种的茶树抽出了今春第一茬嫩芽，满目翠绿欲滴，山间清香四溢。茶农正挎着背篓穿行其中，采下今年第一批春茶。"头采春茶贵如油。在大家的共同努力下，广清连南万亩茶园历时三年迎来第一次采摘，茶园第一轮春茶名优茶特征明显，这也让我们对茶园未来发展充满信心。"有关负责人表示。

据了解，广清连南万亩茶园是广清结对帮扶连南的一大重要举措，项目于2020年6月启动建设，总投资1.2亿元，投建以来，共投入帮扶资金4550万，现已完成茶园开垦种植近4000亩，为群众带来约270万元劳务收入。项目充分利用连南丰富的山（林）地和"连南大叶"种质资源优势，把连南大叶茶产业打造成连南农业支柱产业之一，当茶园进入稳定丰产期，年采摘茶青将超过150万斤，总产值将超过2000万元。

同时，茶园相关旅游配套设施已基本完成建设，每年带来近1000万元的劳务收入以及1500万元的农业旅游产值，有效带动富民兴村，助力乡村产业振兴。

在茶园种植基地，广州对口帮扶清远指挥部副总指挥、清远市委副秘书长徐懿一行体验采摘茶叶，并详细询问了茶叶品种、发展规模、制茶工艺，深入了解茶园有机标准化栽培技术、企业的发展经营现状和存在的困难等问题。徐懿对广清连南万亩茶园未来的布局和建设速度表示肯定，同时，就如何更好地高标准打造万亩生态茶园提出意见和建议。

有关负责人表示，下一步，连南将聚焦探索农文旅融合发展新路径，集聚用好各方资源，完善基础配套设施，通过新型农业经营主体和三产融合发展，因地制宜打造茶园生态景观，争取把广清连南万亩茶园创建为AAA景区，打造成连南农业高质量全面发展的核心示范区，助力连南乡村振兴。

（摘自2023年3月17日《清远日报》"清远+"）

榜上有"茗"！连南大叶茶获省级博览会金奖

✳ 文图/洪会强　通讯员/陈云霞

好山好水出好茶，国家地标产品连南大叶再获金奖。近日，第十二届广东省现代农业博览会在佛山市潭州国际会展中心闭幕，其中，连南瑶族自治县八排瑶山

生态农业发展有限公司参展的连南大叶茶荣获该博览会农产品金奖。

据了解，连南瑶族自治县八排瑶山生态农业发展有限公司近年来加大了标准化建设力度，公司负责人覃少凡介绍，该公司实行"统一管理、统一技术"的生产管理模式，建设无公害、绿色、有机标准茶园，千方百计确保茶叶品质。

同时，该公司建立茶园示范项目标准化体系，制定茶叶的生产管理、病

虫害防治、车间加工、存储包装等一系列标准化、规范化管理制度，还不定期邀请省、市茶叶专家等到公司开展培训，并深入田间地头，面对面地指导工作人员开展茶树施肥、病虫害防治、修枝等。

目前，上述公司出产的连南大叶茶品质优异，成功入选"粤字号"农业品牌，获得有机产品认证。该公司还是农业龙头企业，现有茶叶加工厂2个，茶园2000亩以上，有近200亩的连南大叶育苗和保种基地。育有连南大叶、梅占、凤凰单丛等，以生产连南野生大叶红茶、绿茶为主，还加工乌龙茶、压制茶等，产量为5万斤左右，每年为当地农民增加500万元以上的收入。

（摘自2023年3月27日《清远日报》"清远+"）

房志辉: 创业青年让"连南大叶茶" 走向全国/青春助力清远"百千万"工程

❋ 采写/洪会强　通讯员/陈云霞　盘志勇

2023年4月28日，连南涡水镇大竹湾村金涡茶厂，青年房志辉正抓紧生产最后一批春茶，过了"五一"天气转热，春茶制作就结束了。春茶品质好，价格高，他知道这片叶子的分量。他要讲好这片叶子的故事，这是他事业的希望，也是他联农带农增收的主要路径。

2002年，房志辉离开家乡去深圳闯荡，先后打过工，开过店，办过小型加工厂。漂泊路上，他随身携带的是家乡大瑶山的连南野生大叶茶。

他的父亲房来白五，今年65岁，是一名退伍老兵，也曾是村里一家茶厂的制茶师傅。在他的记忆中，每年春天，父母都会上山采摘野

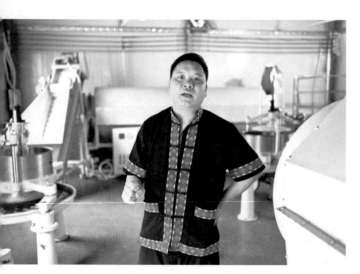

4月28日，房志辉在茶叶制作车间接受采访

生茶，拿回家后，父亲就会用原始的大铁锅炒茶，家中的茶香久久不会散去。

在外多年，连南野生茶叶的香味成为他脑海中挥之不去的记忆。2017年，他回到涡水开始创业。2021年，他创办金涡茶厂，专注国家地标产品连南大叶茶。

连南大叶茶曾入选第二批全国名特优新农产品名录，获得国家农产品地理标志登记保护，以及中国黄茶斗茶大赛金

4月28日，房志辉讲述茶叶制作过程

奖、中国首届斗茶大赛特别金奖等荣誉。这也是房志辉专注连南野生大叶茶的主要原因之一。他的自有茶叶种植基地面积不大，主要是收购村民采摘的野生茶，也为一些种茶大户代加工干茶。"去年，我在全镇收购茶青支付的费用就超过了35万元。"他说，茶厂主要做高端野生茶产品，销售到深圳等地。

对于未来，房志辉胸有成竹："我将以连南大叶茶为核心，扩大自有茶园面积，建设好自己的茶叶品牌，打造瑶浴、药膳、研学、民宿等为一体的综合性产业，带动更多的群众增收致富！"

（摘自2023年5月4日《清远日报》"清远+"）

实现零的突破！连南这家企业上榜省级重点农业龙头企业名单

❋ 文/洪会强　　通讯员/陈云霞

近日，广东省农业农村厅公布了2022年广东省重点农业龙头企业名单，其中，连南瑶族自治县八排瑶山生态农业发展有限公司榜上有名，入选为省重点龙头企业。实现了连南省级农业龙头企业零的突破。

截至目前，连南共有县级以上龙头企业15家，其中省级农业龙头企业1家、市级农业龙头企业7家、县级农业龙头企业7家。

据了解，近年来，连南八排瑶山生态农业发展有限公司在推动产业发展、联农互农带农等方面取得了亮眼成绩。现有茶叶加工厂2个，其中位于三江镇占地20亩的智能加工厂日加工鲜叶达1万斤。现有茶园2000亩以上，主要有涡水镇必坑村仿生态种植茶园500亩，大坪九龙山千亩生态茶园、南岗横坑老寨标准化茶园150亩。此外，还有近200亩的连南大叶育苗和保种基地。

该公司以生产连南野生大叶红茶、绿茶为主，还加工乌龙茶、压制茶等，产量为5万斤左右，每年为当地农民增加500万元以上的收入。其出产的连南大叶茶品质优异，畅销全国多地，得到了粤港澳大湾区、长三角地区等地消费者的一致认可。值得一提的是，该公司所产连南大叶茶在今年第十二届广东现代农业博览会上荣获农产品金奖，广东斗茶大赛连南赛区活动中夺得绿茶类金奖。

接下来连南将进一步优化指导服务、强化政策扶持，加大各级农业龙头企业培育认定工作力度，多措并举促进农村一、二、三产业融合发展，推进农业科技创新和成果转化，带动农民增收致富，助力连南乡村振兴工作。

（摘自2023年5月9日《清远日报》"清远+"）

喜讯！连南大叶茶、清新桂花鱼获得
国家地理标志登记保护

❋ 文图/钟履双　通讯员/陈菊玲

　　日前，农业农村部发布第431号公告称，根据《农产品地理标志管理办法》规定，经过初审、专家评审和公示，对全国共计186个产品实施农产品地理标志登记保护。其中，广东省入选上7个产品，其中清远连南大叶茶就

任入选之列。

在入选的农产品中，连南大叶茶叶薄柔软，叶尖细长，持嫩性强，具有水浸出物、茶多酚、锌含量较高的特点。连南瑶族人家历来有种茶、制茶的习惯，至今辖区内还遍布着数千亩不施加化肥农药、纯天然生长的野生古树茶。得益于昼夜温差大、海拔高、多雾、露重等自然气候条件与良好的生态环境，连南古树茶有着易起膏、韵味好、"冷后浑"等特质。

近年来，为提升农产品市场竞争力，我市以品牌创建为抓手，积极开发培育农产品地理标志。一方面，建立健全规划方案，搭建农产品品牌保障平台，明确设立了"农业品牌推广"专项扶持资金，为品牌建设提供了保障资金；另一方面，积极组织各县（市、区）找到既具有自然生态环境，又有一定历史人文因素的特有农产品进行挖掘，梳理出具有地域特色又有一定历史积淀的农产品进行申报，并指导企业进行标准化生产，制定好产品的地理标志质量控制技术规范。

在农产品的"品控"方面，提高农产品的生产管理水平，加强品牌创建管理工作，确保在农产品品牌建设各环节、各阶段都置于严格有效的监督之下。同时，积极寻求农产品的差异化，满足不同消费者的需求和偏好，推动农产品竞争模式转变，提高农产品营销效益；加强品牌公益宣传，树立品牌农产品良好形象；健全扶持体系，完善品牌运行机制。

截至目前，广东省的农产品地理标志有7个：连州菜心、连州水晶梨、阳山西洋菜、阳山鸡和清远黑山羊、连南大叶茶、清新桂花鱼。目前还有清远麻鸡、连州玉竹、连南稻田鱼3个农产品，也正在完善材料准备申报农产品地理标志。

（摘自2021年6月18日《清远日报》"清远+"）

茶叶专家"把脉问诊"，连南以人才振兴助推乡村振兴

✳ 文/洪会强　通讯员/黄筱文　张夏思

乡村振兴，关键靠人才。近日，连南瑶族自治县寨岗镇乡村振兴人才驿站立足本地茶叶特色产业，举办茶叶种植技术培训活动，邀请省农业科学院茶叶研究所的专家进行授课，努力培育一支懂茶叶、爱乡村、爱农民的乡村实用型人才队伍。

座谈会上，省农业科学院茶叶研究所茶树生态栽培研究室黎健龙教授提出，雾峰茶场地理位置和气候条件优越，要充分利用好土地等资源优势，打造"上层山楂树为主的茶果间作，下层鱼腥草为主的茶药间作"，这样一种茶叶间作模式，利用自然生态规律，禁用除草剂，引入增繁天敌技术，可有效抑制杂草生长，实现生态控草，降低茶园管护成本，同时还能提高茶园的产出，实现茶农增产增收。

当天，黎健龙来到当地茶园，就茶树栽培、整形修剪、茶叶采摘、科学施肥、病虫害防治、优化茶树种植环境等知识技能，进行详细讲解并现场示范指导。在面对面的交流培训中，黎健龙就茶农提出的问题进行答疑解惑，解决茶农在种植茶叶中碰到的"疑难杂症"。

寨岗镇乡村振兴驿站有关负责人表示，黎健龙以"理论知识+现场教

学"的培训方式，给当地茶农"上门授课"，给茶产业"把脉问诊"，进一步提升茶农茶叶种植、培育和管理技术，助力连南培育一支本地茶产业人才队伍，推动茶产业健康发展，进一步推进"百县千镇万村高质量发展工程"。

（摘自2023年6月30日《清远日报》"清远+"）

连南县隆重举办2013广东国际旅游文化节主会场（清远）系列活动之连南瑶族"开耕节"暨瑶山名茶品鉴、拍卖会

✿ 连南瑶族自治县政府

2013年4月13日，我县以"弘扬民族文化　共建幸福连南"为主题的"开耕节"庆典，暨瑶山名茶品鉴、推介活动，在南岗千年瑶寨隆重举办。

本次活动除了开耕祭祀，还有《砍山》《瑶族长鼓舞歌》《阿贵斗牛》《火练》等瑶族歌舞和特技表演，以各种传统形式喜闹开耕，祈求新的一年

风调雨顺、五谷丰登、如意吉祥。开耕仪式结束后，当年的耕作开始，村民们拉着牛，扛着犁、耙，到田间开犁耕地、耙田，为参加活动的宾客展示神秘、古朴的瑶族农耕文化。

地处高寒山区的连南瑶山盛产高山茶，茶质优良，香清溢远。为大力宣传、推介、包装瑶山名茶，打造知名品牌，整个活动还穿插了瑶山名茶的品鉴、拍卖。瑶山红茶王天堂山瑶都红茶（500克）、绿茶王清嵩绿茶（500克），分别以6.8万元、5.2万元被拍出，拍卖所得全部用于我县青少年教育关爱基金。

（摘自2013年4月16日连南瑶族自治县政府网站）

连南以茶载"道"探索五大百亿产业 "新路径"

❋ 连南瑶族自治县"百千万工程"指挥部办公室

近年来，连南立足自身资源禀赋和生态功能区定位，从强化政策支撑、扩大产业规模、推动茶旅融合、科技增产提效四个方面着手，大力推动茶产业高质量发展，为五大百亿农业产业注入"茶动力"，助推"百千万工

程"。2022年，连南茶叶种植面积达2.97万亩，同比增长25.31%，年产量977吨，产值达4919万元。

强化规划设计
注入茶农"强心剂"

按照"科学布局、培育特色、绿色生态、科技驱动、提质增效"的茶产业发展指导方针，制定《连南瑶族自治县特色农业产业发展规划（2021—2025年）》，构建"一心一带三区"特色农业产业发展布局。印发《连南瑶族自治县发展"连南大叶"茶种植奖补方案》《连南瑶族自治县金坑林业片区林下经济示范基地实施方案》等奖补政策文件，对茶农茶企发放茶苗和奖补资金。截至2022年，我县发放种植茶叶奖补资金196.35万元，涉及农户291户。

扩大产业规模

紧抓项目"牛鼻子"

培育和引进龙头企业，与合作社和农户联动，构建"龙头企业+合作社+农户"的模式，合作社联合周边农户种植茶叶进行统一采集销售，有效推动产业结构调整。截至目前，我县经营主体有154家，其中茶叶合作社42家、龙头企业3家、茶叶加工厂（作坊）30家。大力推进省级现代农业产业园，投资3.63亿元建设稻鱼茶、茶药菌省级现代农业产业园，广清连南万亩茶园项目，清远市红茶优势产区现代农业产业园（连南）项目，3个茶叶种植类"一村一品"项目等。同时，扩大茶叶种植面积，延长大叶茶加工产业链，强力推进茶产业规模化、现代化、产业化高质量发展。

深化茶旅融合
按下品牌"加速键"

充分利用好茶叶博览会、展销会、名优茶叶评比会等各类活动，引导和组织茶企全方位宣传推介连南大叶茶，打开销路、打响连南大叶茶品牌。连南大叶茶获得国家农产品地理标志认定，荣获国家级金奖2个、省级金奖4个。以重大赛事和活动推广瑶茶文化与连南大叶茶制品，通过清明采茶活动、稻鱼茶丰收节、茶叶品鉴等茶旅活动，将连南大叶茶与文旅产业相融合，提升茶产业附加值。2023年，连南大叶茶开采节暨广东斗茶大赛连南赛区活动，收获各类茶叶订单预计金额达1070万元。

加快科技发展

锻造茶叶"金刚钻"

活用"3+1"结对帮扶机制，邀请华南农业大学园艺学院、广东省农科院茶叶研究所筛选培育连南大叶优良株系，研究开发高端黄茶、红茶、绿茶及保健型茶制品，不断提升茶制品加工技术。截至2023年5月，通过产学研培育新品种24个，研发新技术3项。创建"连南大叶种茶树资源圃""瑶药种质资源圃"和稻鱼茶种苗繁育基地，发布《茶叶种植技术意见》《老茶园技术改造意见》，成立连南瑶族自治县茶叶协会，邀请茶叶专家进行授课培训，积极开展良种良法的试验、示范推广工作。

（摘自2023年7月18日连南瑶族自治县"百千万工程"指挥部办公室网站）

连南这个"名产品"荣登省最高评比榜单

✳ 连南融媒

好山好水出好茶

连南特农公司单贵茶

再次获得省农业农村厅的关注

获得"广东十大茗茶"殊荣

根据广东省农业农村厅《关于举办2021年广东茗茶评鉴活动的通知》等要求，由广东省农业农村厅举办，广东茶产业联盟、南方报业传媒集团（南方农村报社）、华南农业大学园艺学院、广东省农业科学院茶叶研究所联合承办的2021年广东茗茶评鉴活动，经过各地市农业农村部门推荐报名、专家评鉴、大众品鉴、质量检测等程

单贵茶

序，在广州公证处全程监督下，目前已成功评出这一届"广东十大好春茶"。连南瑶族自治县瑶山特农发展有限公司大雾山茶厂生产的单贵绿茶荣登榜单。

继单贵红茶2021年5月荣获"广东省现代农业产业园"百家手信茶叶综合评比第一名的好成绩后，连南特农公司大雾山茶厂出品的单贵绿茶再获"广东十大茗茶"殊荣，这也是我县茶叶产品首次入选。连南瑶族自治县瑶山特农发展有限公司大雾山茶厂出品的单贵绿茶有"清苦回甘、栗香馥郁"的突出特点，以及优异的外形、汤色、香气、滋味，近年来屡获殊荣，深受大众喜爱。

连南瑶族自治县瑶山特农发展有限公司大雾山茶厂于2016年4月建成，是连南县第一家具备SC认证资质的制茶企业，推出了"单贵茶"系列产品（"单贵"是瑶语"大山"的音译）。2019年，为适应连南茶产业的发展，进一步提高茶厂产能和品质，公司投入资金400多万元，用于扩建厂房，引进先进的生产设备。同时，加强与广东省农科院茶叶研究所、华南农业大学茶学系、湖南农业大学茶学系、清远市农学会等科研院所的紧密合作，不断培育、提升自身的技术水平，形成了一支技术较为成熟、工艺较为精湛的茶叶加工、审评技术团队，确保茶厂在稳定提高产能的同时提升产品品质。

大雾山茶厂自建成之日起，一直以"帮助茶农创收，服务产业发

展""厘定生产标准，树立茶叶品牌""培训孵化队伍，推动产业发展"为己任，很好地践行了"绿水青山就是金山银山"理念。

据悉，大雾山茶厂将继续坚持服务和引导为导向，加大技术培训、品牌营销和产业引导力度，帮助百里瑶山的茶农们实现种茶、制茶效益的迅速提升，使"千年瑶茶、连南大叶"这一品牌更响、更亮、更益农，努力争当落实连南瑶族自治县"生态与文化立县·全面高质量发展"新时代目标的排头兵。

政策档案

ZHENGCE DANGAN

关于我县今年茶叶种苗情况的报告

韶关专属农业局：

按专署六六财委字第104号通知，下达我县今年上调茶叶种子240担。最近，我局派员到茶区调查，据调查情况是：

1. 今年属"小年"，茶树结果比往年少；

2. 入夏以来，茶农在收老茶时，忽视了留种工作。收老茶连叶带果"一把抓"或"一扫光"，造成茶果严重脱落。

在上述情况之下，预计今年全县茶种在400担（塑果）左右，占六六年总产量600担的百分之66%（即减产三分之一）。

另一方面，由于今春雨水多，绿肥无法留种（沤坏），严重影响了我县今冬绿肥生产。为了不影响六七年农业生产，我县在河南省用茶叶种子兑换红花种子。本着互相支援的精神，县委研究茶叶种子300担（种仁）与河南互换红花种子600担。因此，今年我县出多的茶子要交河南省，无法完成上调任务。

为了支援外地发展茶叶用种的需要，解决目前发展茶叶种苗奇缺的现象。

我县今冬和明春发展茶园，准备采用部分野生茶苗，挤出部分茶苗支援外地。据我县三个茶叶苗圃基地（三江镇茶场，九寨、白芒公社）的统计，现育有茶苗235万株，计划自留地130株，作本县扩大新茶园用种，另支援乳源县70万株（已签合同），尚有35万株，用专区安排使用。

连南瑶族自治县农业局
1966年10月9日

抄报：中茶韶关支公司　寨岗茶叶收购站

连南瑶族自治县革命委员会农林水办公室

南革农字〔1973〕38号

☆

关于举办茶叶种植栽培技术训练班的通知

在党的十大精神鼓舞下，通过深入开展党的基本路线教育，广大干部、群众进一步提高了阶级斗争、路线斗争和继续革命觉悟，加深了对"以粮为纲，全面发展"方针的认识，决心在大搞粮食生产的同时，积极发展多种经营，茶叶种植面积有了较大幅度的增加。为了提高茶叶的种植、管理技术，为革命种好茶，经研究决定举办一次茶叶种植栽培技术训练班，现将有关事项通知如下：

一、训练班在寨岗公社举办，时间三天，十一月十八日到寨岗供销社报到。（请寨岗供销社协助安排食宿等问题）。三江片各社队参加人员于十一月十七日到县革委会招待所集中。

二、各公社、供销社要将本社今冬明年种茶面积规划、所需茶叶种子数带来。

三、参加训练班人员（具体名额附后）每人带足五斤粮票和基本伙食费。

特此通知

连南瑶族自治县革命委员会农林水办公室

一九七三年十一月十二日

参加训练班人员名额分配表

社别	公社多种经营干部	供销社业务员	各大队抓多种经营干部
三江公社	1	1	2
军寮公社	1	1	3
大掌公社	1	1	4
盘石公社	1	1	
香坪公社	1	1	
金坑公社	1	1	3
南岗公社	1	2	7（油岭大队来2名）
三排公社	1	1	
寨岗公社	1	2	20（河边队山心茶场来一名）
寨南公社	1	1	5
九寨公社	1	1	4
白芒公社	1	1	7

　　发：各公社革委会、各基层供销社，县农业局、商业局、土产公司、外贸组。（打印32份）

连南瑶族自治县革命委员会农林水办公室
连南瑶族自治县革命委员会财贸办公室

南革农字〔1975〕037号

南革财字〔1975〕054号

———————————— ☆ ————————————

关于认真做好茶叶种子采收工作的通知

在毛主席革命路线的指引下，"农业学大寨"群众运动正在深入发展，毛主席"以粮为纲，全面发展"方针得到进一步的落实，我县广大瑶汉族人民在狠抓粮食的同时，大力发展茶叶生产，近几年来，各社队普遍办起了种养场，根据计委下达计划，明春要种植茶叶5100亩。目前，我县茶叶种子远不能满足生产发展的需要，现在采摘茶叶种子的季节即将到来，各公社应抓紧"霜降"前后五天时间突击抢收，以适应生产发展的需要。因此，特提出如下要求。

1. 加强采摘茶叶种子的组织领导。各公社要临时指定一名干部抓紧采摘前将收购任务下达到队，并及时组织安排劳动力采摘。供销社要抓紧收购工作，加强管理，防止茶叶种子外流。收购起来的茶叶种子加强保管，摊开堆放，防止发热沤坏，影响种子发芽。

2. 发动群众及时采摘。为争取多采茶叶种子，解决我县生产发展的需要。集中成片茶园，应集体组织劳力采摘，收入归队；对零星分散的茶叶种子，亦应鼓励群众采摘回来，允许社员利用工余时间采摘，收入归己；或动员中、小学生采摘，收入归学校作为文体活动费用。

3. 及时做好调拨工作。茶叶种子采摘回来后，除本队自用外，多余部分，应一律交当地供销社收购，由县供销社统一安排调拨，各地不得自行处理。

以上通知，希贯彻执行。

附：茶叶种子收购、上调任务表

连南瑶族自治县革命委员会农林水办公室

连南瑶族自治县革命委员会财贸办公室

一九七五年十月十七日

茶叶种子收购、上调任务表

单位	收购	上调	单位	收购	上调
金坑	200	150	寨岗	80	
大坪	20		寨南	40	
涡水	80	50	九寨	5	
南岗	40		白芒	300	200
香坪	10		三江	10	
盘石	15		合计	800	400

说明：没有指定上调数的基社如本社种植不需要这么多的种子，仍需上调县另行分配。

关于下达七七年茶叶插种苗肥的通知

南外字（77）073号

南供字（77）104号

寨岗供销社：

按地区（77）韶地土畜字66号通知，为发展、推广茶叶优良品种，确保茶叶高产、优质，拨下化肥一批。经研究，分配碳铵三吨，寨岗山心茶场。希即与县生产公司联系及时提运供应。

广东省连南瑶族自治县供销合作社

广东省连南瑶族自治县对外贸易局

一九七七年八月廿日

抄送：县财办、农办

中国人民银行连南瑶族自治县支行
连南瑶族自治县对外贸易局
连南瑶族自治县供销合作社

（78）南银信字第7号

（78）南外字第011号

（78）南供字第020号

———————————————— ☆ ————————————————

关于下达七八年茶叶预购定金指标的通知

寨岗、白芒、金坑、涡水、盘石、三江供销社、营业所、信用社：

接地区中心支行、外贸局一九七八年一月二十四日联合通知精神，我县七八年的茶叶预购定金仍然按七七年贷款指标。为适应农业季节，及时支援茶叶生产和加工机械的购置的资金，促进茶叶生产发展，经我们研究，随文下达各社一九七八年茶叶预购定金贷款指标（包括历年来未收回部分），请各社掌握及时发放，有关发放事项，除银行利息凭单据向县外贸托收外，其余仍按一九七七年有关规定办理。

一九七八年三月十六日

（章）（章）（章）

抄报：地区中心支行、外贸局、县财办、农办

抄送：县农业局、土产公司、寨岗、白芒、金坑、涡水、盘石、三江公社

一九七八年茶叶预购定金（贷款）指标分配表

社别	贷款指标（元）	备注
寨岗	4500	
白芒	3000	
金坑	500	
涡水	700	
盘石	700	
三江	800	
合计	10000	

连南瑶族自治县对外贸易局
连南瑶族自治县供销合作社

（78）南外字第012号

（78）南供字第021号

———————————————— ☆ ————————————————

关于参加地区召开茶叶技术训练班的通知

有关供销社、土产公司：

接地区（78）韶茶出字第013号通知，定于三月二十五日在阳山召开重点茶场负责人或技术人员幼龄茶园栽培管理、茶叶加工技术训练，时间八天。接（78）韶地外茶字第014号通知，拟在三月底四月初在英德举办茶叶收购评茶学习班，时间6~7天，具体时间另行通知，现把有关事项转知如下：

1.参加人数（详见附表）；

2.参加阳山的代表请带今年（去年也可以）春茶加工的青、绿毛茶样本各级一斤。参加英德的代表带去年收购的（今年春茶也可以）各类各级毛茶有代表性的2~3个（级内茶每个一斤，级外茶、老茶每个半斤）以供审评、交流之用。

3.每人每天交粮累计一斤，伙食费四角，旅差费回单位报销（无供给人员每天交伙食费二角，往返车费由训练班负责）。

4.参加阳山训练班的寨岗、白芒、九寨代表，于24日在寨岗供销社报到集中，25号早乘车去连州集中后去阳山。三江、盘石、大坪、金坑、涡水的代表24日下午2时前到县外贸局报到，4时乘车去连州住一晚。

希各社接到通知后迅速通知各茶场，按时参加。

一九七八年三月十八日

参加阳山训练班代表名单

单位	参加人员	其中		备注
		供销社种养员	社队茶场	
寨岗	6	1	5	寨岗建议公社、山心、金鸡、阳爱、官坑参加。白芒建议公社、黄莲、后洞、塘梨坑茶场参加。
白芒	5	1	4	
九寨	1		1	
金坑	1		1	
三江	2		2	
涡水	2		2	
大坪	1		1	
盘石	1		1	
合计	19	2	17	

参加英德收购评茶学习班名额：共7人。其中寨岗、白芒、涡水、三江、盘石供销社、县土产公司各来一名茶叶收购员。县外贸1人。

抄报：县财办、农办
抄送：县农业局

连南瑶族自治县外贸局
连南瑶族自治县供销合作社

（78）南外字第015号

（78）南供字第036号

下达第二批茶叶生产肥的通知

各基层供销社：

目前正是茶叶生长、采摘旺盛期，为促进生产和结合肥源结存情况，经研究，随文下达今年第二批茶叶生产肥（详见附表）。希各公社接通知后，即与生资公司联系，迅速调运，及时支援生产，并做到专肥专用。

广东省连南瑶族自治县对外贸易局

广东省连南瑶族自治县供销合作社

一九七八年四月十七日

抄报：县财办、农办

抄送：县生资公司、农业局

第二批茶叶生产肥（尿素）分配表

单位：市担

单位名称	数量	备注	单位名称	数量	备注
白芒	30		三江	13	
九寨	10		大坪	5	
寨岗	70		香坪	2	
寨南	2		盘石	4	
南岗	1		三江镇茶场	1	由三江供销社供应
涡水	10		山溪茶果站	3	由三江供销社供应
金坑	8		县农林大学	1	由三江供销社供应
合计	160				

连南瑶族自治县对外贸易局
连南瑶族自治县供销合作社

（78）南外字第015号

（78）南供字第045号

———————————— ☆ ————————————

召开茶叶生产会议的通知

各基层供销社、土产公司、三江镇茶场：

为巩固现有茶场，提高茶叶的数量和质量，确保今年收购上调任务，增加社队集体经济收入，经请示县财办同意，定于本月15日至18日召开全县茶叶生产会议，具体事项通知如下：

一、会议内容：传达省、地茶叶会议精神和参观湖南桃江茶园介绍，总结交流经验，传授管理和加工审评知识，讨论79—85年规划设想。

二、会议时间：初定4天，14号到寨岗供销社报到（盘石、香坪、大坪、三江、金坑、涡水代表，13日下午到县供销社报到，14号集中去寨岗）。

三、参加人员：（详见附表）。

四、会议代表，每人每天交粮票一斤，无供给的交款0.20元，有供给的交款0.40元。

五、寨岗的山心、官坑，白芒塘梨坑，九寨望佳岭，涡水的必坑茶场，请写一份材料带来。主要内容是加强领导、长短结合、科学管理、快速成园、高产优质等。

六、请各茶场带1~3斤茶样，参加会议审评。

七、各社接通知后，迅速通知有关单位，做好准备，按时参加。

广东省连南瑶族自治县对外贸易局

广东省连南瑶族自治县供销合作社

一九七八年五月十日

茶叶会议人员分配表

单位	茶场负责人数	供销社种养员	合计	备注
寨岗	16	1	21	
九寨	2	1	4	
白芒	5	1	8	
寨南	2	1	3	1.请地区茶叶进出口公司、县农业局、财政局派员指导。
南岗	2	1	3	
三排	1	1	2	2.寨岗的公社、山心、阳爱、回龙，白芒的公社、塘梨坑，九寨的望佳岭，三江的新和，金坑的大龙，大坪的天塘茶场，各来一名技术员。
三江	4	1	6	
金坑	4	1	6	
涡水	3	1	5	
大坪	2	1	3	
香坪	1	1	2	3. 寨岗的茶场应包括回龙知青场、寨中茶场、三排的指山溪茶果站。
盘石	1	1	2	
三江镇	1		1	
土产			3	
合计	44	12	69	

抄报：县财办、农办

抄送：各公社、三江镇、县农业局、财政局、地区茶叶进出口公司

连南瑶族自治县对外贸易局
连南瑶族自治县供销合作社

（79）南外字第012号

（79）南供字第040号

关于召开重点茶场和各基层社种养人员会议的通知

各基层供销社、县土产公司、寨岗土产站：

　　为贯彻地区茶场会议精神，落实任务，签订合同，明确奖售标准，经请示县财办同意，于四月三日在寨岗公社召开重点茶场和供销社种养业务员会议。参加会议名额（见附表），会议时间四天，四月三日在寨岗供销社报到，四月七日结束。各有关单位接通知后迅速落实参加会议人员，依时参加会议。届时请县财办、寨岗公社革委、地区茶叶支公司派员指导。

连南瑶族自治县对外贸易局

连南瑶族自治县供销合作社

一九七九年三月二十八日

　　抄报：县财办

　　抄送：县农业局、寨岗公社革委、地区茶叶支公司

连南瑶族自治县对外贸易局
连南瑶族自治县供销合作社

（79）南外字第019号

（79）南供字第071号

下拨七九年茶叶幼林抚育肥

各基层供销社、生资公司：

为了促进我县茶叶生产，经研究下拨七九年茶叶幼林抚育生产用肥，分配给各茶场使用（见附表），各有关单位接通知后，速与县生资公司联系及早提用。

广东省连南瑶族自治县对外贸易局

广东省连南瑶族自治县供销合作社

一九七九年五月二十一日

附表：

单位：担

单位	数量	单位	数量	单位	数量	单位	数量	单位	数量
金坑	20	三江	10	涡水	20	香坪	5	盘石	10
大坪	10	寨岗	90	寨南	5	九寨	25	白芒	75
合计	275								

注：硫铵：尿素（2∶1）

连南瑶族自治县对外贸易局
连南瑶族自治县供销合作社

（79）南外字第035号

（79）南供字第083号

———————————————————— ☆ ————————————————————

转发《关于收购一九七九年新茶补价的通知》

各基层供销社、县土产公司：

接韶关地区茶叶进出口公司1979年韶地外茶字第46号转发省茶叶公司（79）粤茶字第077号《关于收购1979年新茶补价的通知》，现转发给你们，需补价的单位，请先列表报知县外贸局，以便全县汇总上报。

以上通知，希认真贯彻执行。

连南瑶族自治县对外贸易局

连南瑶族自治县供销合作社

一九七九车六月二十八日

抄报：县财办

附表：

名称、价款、等级		广宁青毛茶	高州绿毛茶
一	1	20.00	19.90
	2	18.66	19.20
	3	17.20	18.50
	4		17.80
	5		17.00
二	1	18.80	17.60
	2	17.60	16.80
	3	16.50	16.00
	4		15.20
	5		14.40
三	1	15.70	14.10
	2	14.80	13.30
	3	14.00	12.00
四	1	5.50	9.00
	2	5.20	8.40
	3	4.90	7.90
五	1	2.10	2.00
	2	2.00	2.00

连南瑶族自治县对外贸易局
连南瑶族自治县供销合作社

（79）南外字第036号

（79）南供字第084号

———————————————— ☆ ————————————————

下达七九年茶叶内销计划的通知

县果副、土产公司、各基层供销社、寨岗商店：

接（79）韶地外字57号文通知，根据省粤外贸计〔79〕012号的精神，下达我县今年内销茶叶计划，结合各公社茶叶生产和历年销茶情况进行安排（见附表），请在当地党委的统一领导下，与有关部门密切配合，在抓紧生产、提高质量、搞好收购、确保完成上调任务的同时，安排好内销市场的供应。

连南瑶族自治县对外贸易局

连南瑶族自治县供销合作社

一九七九年六月二十九日

抄报：县财办、县计委

抄送：县商业局、地区茶叶公司、各公社

附表：

单位	地产毛茶	精制茶	备注
果副	12	10	
土产	10		
盘石	2		
香坪	1		
大坪	2		
涡水	2		
三江	3	10	1. 现无产茶公社的地产毛茶由县土产公司调拨。
金坑	3		2. 产茶公社若品种单调，应先报要货计划，土产公司则根据货源情况给予调拨。
三排	1		
南岗	1		
寨岗	10	10	
寨南	1		
九寨	1		
白芒	6		
寨岗商店	5	50	
合计	60	80	

连南瑶族自治县对外贸易局
连南瑶族自治县供销合作社

（80）南外字第008号

（80）南供字第016号

———————————— ☆ ————————————

下达第一批茶叶生产专用肥的通知

生资公司、寨岗、白芒、盘石、涡水、大坪供销社：

地区下达八年第一批茶叶生产专用肥（硫铵），现分配给寨岗山心茶场2吨、官坑茶场1吨、安田茶场1吨、公社茶场1吨。白芒：公社茶场1吨、塘梨坑茶场1吨、黄莲茶场0.5吨、排肚茶场0.5吨、天堂茶场0.5吨、必坑茶场0.5吨，共9吨。请接文后即到生资公司提货。

广东省连南瑶族自治县对外贸易局

广东省连南瑶族自治县供销合作社

一九八〇年一月三十一日

连南瑶族自治县对外贸易局
连南瑶族自治县供销合作社

（80）南外字第012号

（80）南供字第035号

———————————— ————————————

下达八〇年茶叶专用肥的通知

生资公司、各基层社：

　　为做好今年春茶开园前的准备工作，现将地区今年下拨的生产肥和预拨奖售肥拨给你们（见附表），希接通知后，迅速安排到生产单位使用。特此通知。

连南瑶族自治县对外贸易局

连南瑶族自治县供销合作社

一九八〇年三月二十日

附表：

单位：担

公社	茶场	奖售肥	生产肥	合计	备注
白芒		60	50	110	
	黄莲		30	30	
	公社		5	5	
	塘梨坑		15	15	
九寨			10	10	
寨岗		60	74	134	
	山心		50	50	
	安田		5	5	
	回龙		5	5	
	中学		4	4	
	公社		5	5	
	官坑		5	5	
大坪		10	8	18	
盘石		10	8	18	
涡水		20		20	
进坑		10		10	
三江		10		10	

连南瑶族自治县对外贸易局
连南瑶族自治县供销合作社

（80）南外字第024号

（80）南供字第078号

关于召开茶叶生产座谈及茶叶审评会议的通知

各基层社、土产公司：

　　根据我县今年茶叶生产情况，为了解决茶叶生产有关问题，搞好生产、收购工作，以及传达地区茶叶生产座谈会精神、审评各生产单位产品和签订购销合同。经研究并请示县财办批准，定于六月初召开茶叶业务会议，请各供销社接通知后立即通知各有关茶场派员依时参加会议。现将会议有关事项通知如下：

　　一、会议时间：六月四日至六日，时间三天，六月三日报到。

　　二、会议地点：县招待所。

　　三、参加会议人员：各基层社来一位管业务的主任及一名收购员，各茶场名额附后表。

　　四、每个茶场来的负责人带一至六级茶叶各五市斤交会议审评使用，并开具发票到会议报销。

五、参加会议人员每天交粮一斤，款四角，无供给的人每天交粮一斤，款二角。

连南瑶族自治县对外贸易局
连南瑶族自治县供销合作社
一九八〇年五月三十一日

附表：

单位	人数	其中茶场来人数
白芒	7	5
九寨	3	1
寨岗	8	6
寨南	3	1
南岗	2	
涡水	4	2
三江	3	1
金坑	5	3
大坪	3	1
香坪	2	
盘石	3	1
三江镇	1	1
土产公司	3	寨岗土产公司来 1 人
农业局	2	
合计	49	

连南瑶族自治县供销合作社

（80）南供字第117号

————————————————————— ☆ —————————————————————

关于重新调整茶叶调拨价格的通知

土产公司、各基层社、寨岗调拨站：

接（79）韶地外茶字第47号文关于《调整茶叶结算办法通知》的有关精神。现根据上级规定作价原则，拟定我县基层社上调价格（见附表），望贯彻执行，现就有关事项说明如下：

1. 现下达茶叶调拨价格是指从今年新茶上市执行，凡有新茶上调一律按新价结算，并及时做好补差手续。

2. 此调拨价格是包括一切杂费（税金、银行利息、代购手续费、包装费），代购手续费按县、基三七分成。

3. 在收购上调过程中应严格抓好对样评茶，以免造成不应有的损失。

连南瑶族自治县供销合作社

一九八〇年八月十二日

茶叶调拨价格表

单位：市担、元

品名	级别	等级	收购价	基层上调价	公司上调价 韶关	广州
绿毛茶	1	1	255	370.00	387	390
		2	240			
	2	1	220	317.70	334	336
		2	205			
	3	1	185	265.40	280	283
		2	170			
	4	1	155	220.60	234	237
		2	140			
	5	1	125	175.70	188	191
		2	110			
	6	1	95	135.40	147	150
		2	85			
	级外	1	70	104.70	116	119
		2	55	82.30	93	96
		3	40	59.90	70	73
青毛茶	1	1	180	254.20	269	271
		2	160			
	2	1	145	205.60	219	222
		2	130			
	3	1	115	160.80	173	176
		2	100			
	4	1	85	119.70	131	134
		2	75			
	5	1	65	93.50	104	107
		2	60			
	级外	1	55	82.30	93	96
		2	45	67.40	78	80
		3	35	52.40	62	65

茶企简介（部分）

CHAQI JIANJIE

连南瑶族自治县瑶山特农发展有限公司简介

连南瑶族自治县瑶山特农发展有限公司（以下简称瑶山特农公司），是一间由县公共资产管理中心出资成立的国资企业。2013年新年伊始，连南县委、县政府先后提出了多项民生工程建设规划，成立瑶山特农公司就是其中一项主要的举措。

瑶山特农公司的成立，就是政府向农业方面注入公共资本，以公共资本运营为纽带，按照市场化的规律，通过企业化运作来加大农业扶持力度，加强农业产业结构的宏观调控，统筹处理好农产品生产与销售环节，引导和帮助农民摆脱方式粗放、自产自销的传统生产经营模式，走标准化、产业化、市场化的现代农业之路，让农民真正得到实惠，从而推动农村经济的发展。

经过紧张有序的筹建工作，瑶山特农公司于2013年7月1日正式挂牌成立。公司注册资金为100万元，为国有独资公司。公司将坚守"服务为上，务实为本，开拓为先"的经营理念，坚持"人无我有、人有我精、人精我特"的经营策略，坚定"打造品牌""开发精品""规模生产""产品增值""综合开发"的经营方向。公司的核心工作是要在"市场"和"农户"之间建立一个起着促进信息交流、引导产销一体的平台，致力于解决当前连南农产品没有标准、没有品牌、产业化程度低、产品附加值低、产销环节断裂等一系列问题。在运营过程中，公司将主要围绕构建产业基地、搭建电子商务平台和开展实体销售等工作开展业务。

在电子商务平台方面，公司将创建自己的网站——瑶山特农网。瑶山特农网的经营模式是"O2O"交易消费方式，即"线上销售特农期货"和"线下进行瑶族特色旅游体验"。"O2O"是一种离线商务模式，通过把线下的实体经营（厂家、店铺、产品基地等）的产品信息发布到互联网，吸引网络消费者订购相关产品，从而将他们转换为自己的线下客户。由于公司具有强大的行政资源背景，能很好地将原产地在连南的有机、环保、原生态的农特产品、瑶族工艺品、民族风情旅游项目整合起来，可为线上的选购、线下的体验提供有力的支持和完善的服务。

在实体经营项目方面，瑶山特农公司将整合连南现有的农特产品资源，使原来产量不高但绿色环保、种养方式粗放且原汁原味的农特产品，形成泛规模化的产业基础，并将旅游、文化、工艺、瑶绣等项目融合起来，形成具有自身特色的品种、品质和品牌，然后通过互联网和实体营销展示相结合的方式，销售冠以自己品名的农产品、民族工艺品和土特产礼品，以规模经营促进农业生产、经营、服务一体化，形成连南自己的农特产品产业链。

瑶山特农公司肩负着延伸政府引导农业、服务农业的职能，具有公益、扶贫、惠农的特点。公司真诚欢迎各界朋友参与这一项关心"三农"、支持"三农"、服务"三农"的民心工程中，共同推进连南农业的发展，使广大农民早日获益，早日致富。

连南瑶族自治县瑶山特农发展有限公司大龙山茶叶基地

连南瑶族自治县八排瑶山
生态农业发展有限公司简介

连南瑶族自治县八排瑶山生态农业发展有限公司于2015年筹备，2016年7月1日成立，注册资金500万元，以种植、加工、销售茶叶及林下种养为主，实施高山自然生态茶的示范推广，对连南本土野山茶资源进行研究选育开发种植，并针对连南地理气候引进优良茶叶品种进行种植推广。企业于2015年开始在连南县涡水镇、三排镇、大坪镇等租赁山地2000亩，进行林下及自然生态种植茶叶，并通过有机认证。企业于连南县涡水镇县道19.5千米处有占地5亩的茶叶生产加工基地，在此基础上，2019年又在连南政府的支持协调下，作为连南瑶族自治县稻鱼茶省级现代农业产业园的实施主体，租赁三江镇原三星水泥厂20亩建设用地兴建新的茶叶生产加工基地，引进了现代先进红茶加工生产线及微波杀青绿茶生产线，现有加工能力可达每天加工鲜叶1万斤以上。

连南瑶族自治县八排瑶山生态农业发展有限公司天堂山茶叶基地

广东杰茗原生态茶业有限责任公司简介

广东杰茗原生态茶业有限责任公司的前身为连南黄莲瑶山茶厂，坐落于被誉为"锦绣瑶山"的连南县大麦山镇黄莲村。公司拥有茶园面积300多亩，茶树树龄超过40年，自然环境优美，群山蜿蜒起伏，云海虚无缥缈，溪河流水迂回曲折。这里是原生态保持的典范，郁郁葱葱的古茶园与绮丽多彩的山水构成了一幅幅天然的美丽风景画。黄莲村也是历史名茶"黄莲炒茶"的发源地。

公司以省级冠名，注册资金1250万元，以"公司+加工厂+农户"的经营模式，是一家集茶叶研发、种植、加工、技术咨询、茶叶销售于一体的

荣获第五届中国黄茶
斗茶大赛金奖、银奖

荣获2020年第二届"连南大
叶杯"红茶、绿茶金奖

现代化企业。随着生产的不断扩大，公司茶叶加工厂升级改造成了净化程度超过10万级别的标准化厂房。公司加工厂可承担附近超过千亩茶叶的加工任务，带动了当地茶产业发展。

品质与品牌是公司长期的战略目标。公司始终以有机绿色食品的要求进行生产与管理，采用独特的有机种植方法，运用绿色病虫害防控技术等方式进行生态茶园管理，确保茶叶的优质、安全、卫生。公司力求发展当地的特色茶叶资源，依托茶园环境的优势，打造"原生态"的特色和"房杰茗"品牌。公司设计的"连南黄汤""连南炒绿""连南红杏"和"连南瑶绿"这四款包装已申请外观专利，其中"连南黄汤"现已授权。公司生产的"连南黄汤"荣获2019年第四届"蒙顶山杯"中国黄茶斗茶大赛银奖。公司作为黄莲村标杆龙头茶企，将不断努力为推动茶产业健康发展，带动农民脱贫增收贡献一份力量。广东省农业科学院茶叶研究所茶与健康研究室是广东杰茗原生态茶业有限责任公司的技术力量后盾。技术团队近年来一直在从事多茶类的技术创新及其新产品开发，茶树资源的创新利用及其新产品研发，六大茶类中的活性成分及其功效研究等研究内容。

广东杰茗原生态茶业有限责任公司黄莲茶叶基地

广清连南万亩生态景观茶园

为践行"绿水青山就是金山银山"的发展理念，壮大连南稻鱼茶产业，推动连南茶产业高质量全面发展，在广清帮扶指挥部的支持下，决定建设"广清连南万亩生态景观茶园"。

项目以寨岗镇新寨村马流带作为建设基地，通过改善茶园周围的环境条件，选取以野生连南大叶种茶为母本培育的种苗为主，种植标准生态示范茶园、连南大叶种植园等。同时，依托茶园建设，完善相关设施设备，最终建成集茶叶种植示范、技术培训孵化、旅游观光体验为一体的现代农业产业基地，最终建成一个包括10000亩林下生态茶园、连南大叶科普园、AAA景区于一体的生态景观茶园。

项目自2020年起启动建设，分三期实施。第一期项目以种植3000亩生态景观茶园为主，由广州支持连南民族地区加快高质量发展资金中投入3000万元，至2022年完成一期项目建设。

项目名称		广清连南万亩生态景观茶园
项目属性		新建 √ 扩建 续建
实施单位	牵头单位	连南瑶族自治县农业农村局、公共资产管理中心
	实施主体	连南瑶族自治县瑶山特农发展有限公司
总投资		12000 万元
建设地点		连南瑶族自治县寨岗镇新寨村马流带
建设时限		9 年（2020—2028 年）
项目一期	时间	3 年（2020—2022 年）
	建设内容	3000 亩生态景观茶园

乡村振兴擂台坑口茶园介绍

近年来，连南县政府秉着"生态与文化立县·全面高质量发展"的目标，将连南大叶茶列为县重点特色农产品扶持发展对象。连南大叶茶这一块瑰宝，又重新得到了人们的垂青。连南大叶茶2020年入选广东省第三届名特优新农产品公共区域品牌，以及第二批全国名特优新农产品名录，2021年正式被批准成为国家农产品地理标志登记保护产品。连南茶企在国家级、省级茶叶评比竞赛中，共获得1个国家级金奖、1个国家级银奖、3个省级金奖、6个省级银奖、2个省级优质奖，给连南大叶增添了荣誉和光彩，沉寂多年的连南大叶茶又重新回归人们的视野。近年，有了政府的扶持措施和激励政策，农民大力发展茶叶种植，通过引导村民开发荒山荒地种植、老茶园改

连南县三江镇金坑村坑口示范茶园

造，大力发展茶产业。

为进一步推进林农转型试点工作，转变发展方式，促进农民增收，健全连南县茶叶种植、管理、制作、品牌、销售等产业体系环节，推动连南大叶茶产业的良性发展，引导林区群众更好地科学发展茶叶种植。2018年初，县人民政府决定，在三江镇金坑村坑口地段投资建设一个连南大叶茶标准化示范种植基地，并决定由县瑶山特农发展有限公司作为项目的建设方和运营方，负责茶园建设、生产和管理。

示范茶园以坑口地段范围为70亩的平地和周边山地作为建设基地，严格按科学、生态、有机的方式种植和管理。茶园主要建设内容是"连南大叶"优良种苗选育和高标准示范种植。通过改善茶园周围的生产环境条件，选取野生连南大叶茶为母本培育种苗，种植茶叶。同时，依托茶园建设，完善相关设施设备，开发茶园旅游项目，最终建成一个集茶叶种植示范、技术培训孵化、旅游观光体验为一体的茶叶基地。

2018年5月实施至今，共完成资金投入150万余元，完成茶叶种植面积42.7亩，苗圃面积1.5亩，"O2O"茶园平台6亩。目前茶叶长势良好，2020—2022年春采摘茶青鲜叶2万余斤。通过土地流转种茶后，茶园长工新增收入2000余元/月，带动周边农户增收32万余元。2021年春起，茶园将进入成熟稳产期，亩产茶青可达300千克。2023年茶园进入丰产期后，结合企业自主生产加工，将推动本土公共品牌"单贵茶"年产值超过150万元，"单贵茶"于2021年成了"广东省十大茗茶"。

坑口示范茶园成功申报有机茶园，成为连南县第一个拥有有机资质的标准茶园。坑口示范茶园主要以茶叶种植和生产体验为主。园内种植了连南大叶茶的野生群体种和选育种，园中处处配以图文说明。同时，还建有"瑶茶O2O体验馆"，分设茶叶加工体验坊和品茶室。该茶园2021年6月被列入金坑森林旅游小镇、金坑红色旅游线路必经点，同年8月，坑口茶园被列入县农耕文化园，作为连南县中小学生研学实践教育基地之一，让学员和游客

们能更深入地了解"千年瑶茶、连南大叶"的生产流程、品质特征和文化底蕴。2018年至今,通过对该基地的种植、育苗、采摘、茶园管护等,开展实地培训30余期、9000多人次。2021年10月,坑口示范茶园成为县乡村新闻官培训基地。"O2O"茶园已然成为乡村旅游、研学教育、示范体验线上宣传的重要阵地。

坑口茶园已然产生带动作用。截至2021年,全县茶叶总面积达214182亩,其中包含连片的野生"连南大叶"茶树种,采摘面积8509亩,新增标准茶园4000余亩,产量914吨,通过茶园种管、采摘劳务支出总额约2000万元/年,可解决茶园附近闲置劳动力,为当地农户增加收入。茶园土地租赁期满后,茶园移交给当地村民,每年可为村民带来茶青销售收入超过2400万元。

附 录

FULU

连南瑶族自治县人民政府办公室关于印发《连南瑶族自治县发展茶叶种植补贴方案》的通知

南府办〔2016〕7号

各镇人民政府，县直及省市驻连南各单位：

《连南瑶族自治县发展茶叶种植补贴方案》业经县委、县人民政府同意，现印发给你们，请遵照执行。执行过程中遇到的问题，请径向县科技农业局反映。

连南瑶族自治县人民政府办公室

2016年3月25日

连南瑶族自治县发展茶叶种植补贴方案

一、总体要求

为充分利用我县山地、气候和种质资源优势，围绕"特色立县，生态崛起"的发展目标，进一步加快我县茶产业发展，促进农民增加收入，特制定本补贴方案。

二、补贴范围及标准

（一）补贴范围

在全县直接从事茶叶生产的个人和农业生产经营组织。

（二）补贴标准

1. 新种植补贴标准

散茶：原则上每亩种植500~1000株茶苗的定义为散茶，要求新种植面积1亩以上，所种植的茶苗成活率达90%以上，按每株茶苗1元的标准进行补贴。

地台茶：开垦梯级种植的定义为地台茶，要求新种植面积3亩以上，每亩种植标准1500~2000株，所种植的茶苗成活率达90%以上，对新种植按每亩1500元标准进行补贴。对种植规模达50亩以上（含50亩）的农户或农业生产经营组织，再给予一次性奖励1万元。

2.改造茶园补贴标准

要求改造面积3亩以上，按照"三改"（即改冬季不清园为清园、改不翻耕除草为翻耕除草、改不施肥为合理施肥）等技术措施进行改造，并加强抚育管理，达到恢复树势、提高单产的要求，对改造老茶园按每亩400元进行补贴。

三、补贴申报程序

按照先种后补的原则，采取由农户或农业生产经营组织，村、镇逐级上报的方式，具体补贴申报流程如下：

（一）由农户或农业生产经营组织填写茶叶种植（改造）申请书，并上报到村，再由村上报到镇，由镇核实汇总后上报县茶叶办，经县茶叶办初步审核同意后，申请者自行开展种植（改造）。

（二）考虑有部分农户存在经济困难情况，申请者上报种植申请书经审核同意，种植完成后在总补贴中先发放部分补贴，申请者自主购买茶苗的按每棵0.5元的标准发放补贴；补贴余款在验收后再发放。如果由镇、村统一购买茶苗的，则在该申请者验收后的补贴总额中扣除。

（三）种植成活1年后，经县茶叶办会同县财政局和相关镇进行实地验收后，由县茶叶办汇总报县财政局，由县财政局将补贴款（或余款）直接发放到补贴申请人的存折中。

（四）改造茶园的，申请者按要求改造完成，经实地验收后一次性发放补贴。

四、保障措施

（一）加强领导，密切配合。加强组织领导，成立连南瑶族自治县茶叶产业发展领导小组，并下设办公室于县科技农业局，县属有关部门和各镇要高度重视，提高思想认识，明确工作职责，加强沟通协调，按照工作责任，确保工作落实到位。

（二）规范操作，严格管理。要按照公开公平公正的原则确定补贴对象，严格程序办理。

（三）公开信息，接受监督。各镇和有关部门要通过广播、电视、报纸、网络、宣传册等形式，积极宣传补贴政策；要建立完善茶叶种植（改造）补贴信息公开专栏，并接受社会监督。

（四）加强监管，严惩违规。各有关部门要各司职责，强化监管检查，严防"骗补、套补"等违法违规行为发生。

本方案实施时间为2016年1月至2018年12月。

公开方式： 主动公开

连南瑶族自治县人民政府办公室　　　　2016年3月25日印发

连南瑶族自治县发电

发电单位	中共连南瑶族自治县委办公室	签批盖章	房志荣
	连南瑶族自治县人民政府办公室		韩　鹏

等级	平急·明电	南委办发电〔2020〕9号	南机发	号

中共连南瑶族自治县委办公室
连南瑶族自治县人民政府办公室关于印发
《连南瑶族自治县发展"连南大叶"茶种植
奖补方案》的通知

各镇党委、人民政府，县直有关单位：

《连南瑶族自治县发展"连南大叶"茶种植奖补方案》业经县委十三届第102次常委会（扩大）会议审议通过，现印发给你们，请认真遵照执行。执行中遇到问题，请径向县农业农村局反映。

中共连南瑶族自治县委办公室

连南瑶族自治县人民政府办公室

2020年6月23日

连南瑶族自治县发展"连南大叶"茶种植奖补方案

为加快我县茶叶产业健康稳步发展，根据省农业农村厅对全省的优势农业产业分析，以及《清远市农业"3个三工程"实施方案》等文件精神，结合我县实际，特制定本方案。

一、总体要求和目标

围绕我县"生态与文化立县·全面高质量发展"新时代目标，以市场为导向，以品种、品质、品牌为抓手，充分利用我县丰富的山（林）地和"连南大叶"茶种质资源优势，通过县财政筹措资金奖补方式，以连南县稻鱼茶省级现代农业产业园产业链为基础，在全县适当扩大茶园面积，将"连南大叶"茶产业打造成我县农业支柱产业之一，带动农民增收致富，实现我县茶产业的持续健康发展。

本《方案》有效期内由县财政筹措资金约3000万元，用于激励、引导发展"连南大叶"茶种植。力争用3年时间，扩大全县"连南大叶"茶园种植面积逾2万亩。

二、奖补方案内容

采取适当奖补方式鼓励种植主体进行"连南大叶"茶规模种植。

（一）奖补资金来源
县级财政筹措资金。

（二）资金奖补项目
本《方案》奖补专项资金用于奖补在2020年至2022年期间连南县境内新建设的茶园，奖补项目包括生态标准茶园和原生态林下茶园两大类。

（三）资金奖补对象
1.奖补对象

在我县范围内从事茶叶种植的农业企业和个人，以及农民专业合作社、家庭农场等新型农业经营主体。

2.奖补对象基本条件

（1）能正常开展种植生产，具备按时、按质、按量完成种植任务的实力。

（2）茶叶种植用地手续合法，有10年以上的稳定的土地使用权，不与基本农田保护、生态公益林保护等其他政策规定冲突，具有种植所需设施、设备、工具等。

（3）种植计划或实施方案可行，技术依托可靠，投资估算合理，自筹资金来源有保障。

（4）依法经营，无不良记录。

（四）方案的实施

1. 茶苗提供

茶苗由县政府统一提供，通过政府采购方式采购"连南大叶"茶苗，按类型（生态标准茶园、原生态林下茶园）发放。县农业农村局要结合"3+1"结对帮扶机制，委托省农科院、华南农业大学等科研院校作为技术支撑，指导"连南大叶"茶苗育苗基地建设。

茶苗品种为"连南大叶"优良株系，符合《茶树种苗标准》（GB11767-2003）要求。种植主体按种植类型建设茶园，提出申请并提供相应佐证材料，经镇、村实地核实种植主体的种植方式、规模和种植前期工作情况，由县农业农村局组织提供达到种植标准的茶苗给种植主体种植。种植主体负责茶苗种植及茶园管理，在茶苗种植及茶园管理期间，出现需要补种的，补种茶苗由种植主体自行解决。

类型	每亩发放茶苗数量（株）
生态标准茶园	1800
原生态林下茶园	300

2. 茶园抚育资金奖补

资金采取分类型（生态标准茶园、原生态林下茶园）奖补，资金主要用于购置茶园建设所需的肥料、农膜、病虫害防控物资、茶园必要的遮阴树苗木、茶园中耕除草等农业生产物资，建设水肥一体化设施设备，修建茶园必要的道路、水渠等基础设施。茶苗种植经科学抚育管理满1周年后，由种植主体提出申请，经县农业农村局联合有关部门和镇、村现场验收，验收合格后向县财政局申请发放茶园抚育奖补资金。标准如下：

类型	每亩茶园抚育奖补资金（元）
生态标准茶园	1000
原生态林下茶园	500

3.奖补资金的管理

奖补资金实行财政报账制管理。申报并列入茶产业带、"一村一品、一镇一业"、农业"三品工程"等及其他涉农扶持的种植项目，不得重复申请补贴资金。

三、建设条件

（一）生态标准茶园

参照《广东生态茶园建设规范》（T/GZBC5—2018）标准建设，茶园规划科学合理，基础设施较完善，要求平地和坡度25度以下的缓坡地等高开垦，坡度在25度以上时，修筑内倾梯田。要求连片种植面积不少于20亩，种植规格为株距控制在0.42米、行距控制在0.88米以内，亩种植密度不少于1800株，成活率不少于1500株。园内空地种植遮阴树，每亩4~8株，株距10~12米。茶苗抚育严格按照茶叶生产技术规程进行生产管理，施行培土、施肥、修剪、有害生物绿色防控等技术措施。

验收标准：连片种植面积20亩以上，种植一年内茶苗每亩成活率≥1500株，生长健壮，株高45厘米以上，主干平均茎粗0.5厘米以上，有3个以上分枝。

（二）原生态林下茶园

原生态林下茶园宜选在"连南大叶"茶叶适宜生长区域，以阔叶混交林、竹林为主，土壤腐殖质丰富，海拔在600～1000米之间。茶园以茶树为主产业进行单株种植，合理保留原有林木，形成天然的遮阴和防风带，确保茶园有一定的散射光照、漫射光照。要求连片种植面积不少于200亩，种植规格（单株种植，行距1.5米、株距1.5米），亩种植密度300株，成活率不少于250株。按生态茶园建设与管理技术进行种植和抚育，施行培土、施肥、除草、修剪、有害生物绿色防控等技术措施。

验收标准：连片种植面积达200亩以上，每亩种植一年内茶苗成活率达250株以上，生长健壮，株高≥35厘米，主干平均茎粗0.5厘米以上，有相应的侧枝。

四、申请程序

实行属地申请和逐级上报制度，具体申请程序如下：

（一）种植计划申报

由种植主体在完成茶园选址、基础规划和茶园开垦等工作后提出种植计划，按照要求制定种植计划或实施方案，并填写《连南瑶族自治县"连南大叶"茶种植计划表》（以下简称《计划表》），经村委、镇人民政府汇总后统一上报县农业农村局。

（二）茶苗申请

1. 申报审核。县农业农村局按各镇上报的《计划表》，组织镇、村、种植主体，实地勘查核实茶园的地址、基础规划和茶园开垦等种植前期工作，符合种植条件后，由种植主体准备有关证明材料，由所在村委会统一报送至当地镇人民政府，经镇人民政府出具审核意见后上报县农业农村局。

2. 组织发放。县农业农村局对各镇《计划表》审核后，根据需求及时组织发放符合标准的茶苗。种植主体应根据本方案要求和上报的种植计划，按时、按质、按量完成茶苗种植工作，并按要求进行科学管理。

（三）抚育奖补资金申请

1. 验收申请。种植主体完成当年茶叶种植并经科学抚育管理满1周年后，应及时提出验收申请并填写《连南瑶族自治县"连南大叶"茶种植补贴申请表》（以下简称《申请表》），将反映茶叶种植的证明材料编制成册，由村、镇审核后逐级向县农业农村局提出验收申请。

2. 组织验收。县农业农村局收到各镇《申请表》后，应组织有关部门和镇、村及种植主体实地核查验收，验收合格后，由镇村及县农业农村局在《连南瑶族自治县"连南大叶"茶种植验收表》相应栏内出具意见，同时，验收组成员签名，县农业农村局盖章，并在茶园所在村委和镇人民政府公示7天，可办理茶园管理资金划拨手续。

3. 限期整改。验收不合格的，应要求种植主体限期（2个月内）整改，待整改完成后再提出申请验收。

4. 验收期限。验收申请时间截至2023年12月31日，未按标准建设、整改仍不合格、逾期等不符合标准和相关规定的一律不予奖补。

5. 资金拨付。经验收合格的，县财政局根据预算管理级次办理资金拨付，由申请主体所在镇财政所办理拨付手续。

五、组织管理与职责分工

加强组织领导，成立县发展"连南大叶"茶种植工作领导小组，由县政府办公室、县农业农村局、县财政局、县自然资源局、县瑶山特农发展有限公司以及各镇人民政府等单位组成。领导小组下设办公室在县农业农村局，主要负责组织安排有关人员，采取定期或不定期的形式开展实地检查与技术指导，及时组织验收并办理补贴发放手续。县有关部门和各镇要提高思想认识，明确工作职责，加强沟通协调，按照工作责任，确保工作落实到位。领导小组成员单位具体职责分工如下：

（一）县农业农村局职责

1.负责统筹规划、部署全县发展"连南大叶"茶种植各项工作，负责收集和审定各镇上报的资金申请材料。

2.负责我县发展"连南大叶"茶种植的组织、协调和技术指导工作。

3.负责把好种苗质量和发放关。

（二）县财政局职责

负责本方案所需资金的筹措及划拨。

（三）县自然资源局职责

协助"连南大叶"茶种植检查、验收和技术指导等工作。

（四）各镇人民政府职责

负责"连南大叶"茶种植的宣传发动和组织实施，对补贴资金申请的真实性和可行性负责。

（五）县瑶山特农发展有限公司职责

1.协助县农业农村局把好种苗质量关。

2.负责种苗发放。

（六）种植主体责任

1.对补贴资金申请材料的真实性、可行性、完整性负责。

2.确保足额投入自筹资金，确保茶叶科学安全生产，按时按质按量完成种植和管理。

六、监督管理

"连南大叶"茶种植补贴专项资金应规范管理,公开操作,确保资金专款专用,安全有效。

(一)茶叶种植奖补专项资金实行公示制、责任制、实地核查制、报账制。种植补贴专项支出应采用合法、有效的原始凭证入账,资金通过银行进行结算,杜绝大额现金支付。

(二)任何单位和个人不得以任何理由截留、挤占和挪用专项资金。各级相关职能部门应按职能分工定期或不定期对专项资金的使用、拨付以及管理情况进行监督检查。如发现有截留、挤占和挪用专项资金的单位和个人,将按照国务院《财政违法行为处罚处分条例》(国务院令第588号)的有关规定进行处罚并上报县纪检监察部门。

(三)凡有以下四种情况之一,视为不合格项目,不下达补助资金,并取消以后申报资格。一是不按种植计划或实施方案建设的;二是建设任务未按时完成或质量不达标,通过整改仍无法通过验收的;三是会计核算和账簿、报表、凭证不规范,经限期整改仍不符合要求的;四是弄虚作假,骗取财政资金的。

(四)申报单位、组织或个人,在专项资金管理、使用过程中存在违法违纪行为的,依照相应法律法规严肃处理,追回财政专项资金,取消以后的申报资格,并向社会公开其不守信用信息。

(五)建立种植奖补档案。加强对茶叶种植奖补资金的管理,建立健全茶叶种植奖补明细档案,实现县有汇总表,镇村有到户清册。

七、其他事项

(一)种植主体在申请成功后须按照科学的种植管理技术把茶园建设管护好,使之产生良好的经济效益。

（二）种植茶叶有一定的种植风险和市场营销风险，种植主体必须树立风险意识，坚定信心，提高抗风险能力。

（三）本《方案》自印发之日起施行，有效期至2023年12月31日止。

附件：1.连南瑶族自治县"连南大叶"茶种植计划表

2.连南瑶族自治县"连南大叶"茶种植补贴申请表

3.连南瑶族自治县"连南大叶"茶种植验收表

4.连南瑶族自治县"连南大叶"茶种植任务安排表

5.连南瑶族自治县"连南大叶"茶种植验收申请材料清单

农产品地理标志
登记证书

中华人民共和国农业农村部

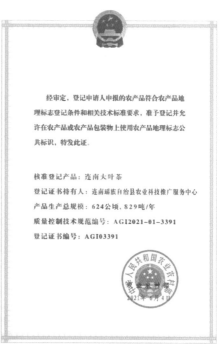

经审定，登记申请人申报的农产品符合农产品地理标志登记条件和相关技术标准要求，准予登记并允许在农产品或农产品包装物上使用农产品地理标志公共标识，特发此证。

核准登记产品：连南大叶茶

登记证书持有人：连南瑶族自治县农业科技推广服务中心

产品生产总规模：624公顷、829吨/年

质量控制技术规范编号：AGI2021-01-3391

登记证书编号：AGI03391

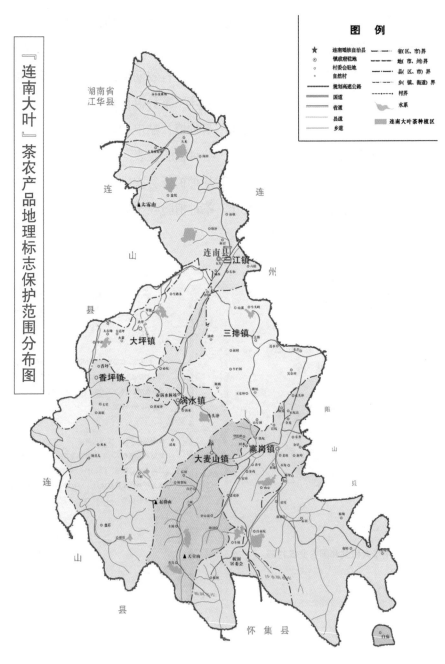

注：红线范围为"连南大叶"茶地理标志产品保护范围东经112°02′～
112°29′、北纬24°17′～24°56′

附 件

1979—2004年连南部分年份茶叶面积、产量统计表

单位：亩、千克、吨

年份	面积	亩产	总产量	年份	面积	亩产	总产量
1979	3106	27	84	1994	4418	6.8	30
1981	3438	7.4	25.5	1995	4763	9.7	46
1982	2785	7.9	22	1996	4272	11	45
1983	2574	6.8	17.6	1997	4046	8.9	36
1986	1203	8.1	9.8	1998	4078	12	47
1987	1447	8.6	12.4	1999	4126	12	47
1988	1354	12	16	2000	3984	13	51
1989	4534	5.6	25.18	2001	3694	20	74
1990	2854	9.6	27.49	2002	3544	44	156
1991	3817	3.9	15	2003	3369	29	98
1992	4629	6.5	30	2004	3466	34.6	119
1993	3653	7.4	27				

2021年连南县各镇茶叶生产调查表

县区： 　　　　　　　　　　　　　　　　　　　单位：亩、吨、元

序号	乡镇	茶叶面积	茶叶产量（茶青）	茶叶产值	备注
1	大麦山	4320	535	14650000	
2	寨岗	11600	130	3018000	
3	三排	600	36	858000	
4	三江	2650	70	2112000	
5	涡水	1200	30	624000	
6	大坪	2998	93	2354000	
7	香坪	332	20	338000	
合计：		23700	914	23954000	

　　2023年6月30日，县政协党组书记、主席李春益（左二）一行到涡水镇锅盖山大叶茶园调研茶叶基地发展情况

　　赵龙金的非遗（连南大叶茶制作技艺）项目代表性传承人证书

清远市第八批市级非物质文化遗产（连南大叶茶制作技艺）项目代表性传承人、大麦山镇黄莲村村民赵龙金（右一）传授茶叶采摘技艺

寨南千年深山古树茶（赵翔辉　提供）

黄莲深山百年古树茶

黄莲深山古树茶（房杰明　提供）

黄莲百年古树茶（县政协办　提供）　　　黄莲百年古树茶（赵土县　提供）